高等职业教育“十四五”规划教材

宠物卫生与保健

刘娣琴　郭志明　康永刚　主编

中国农业大学出版社

·北京·

内容简介

宠物卫生与保健课程是从事宠物饲养管理、卫生保健和疾病诊治工作人员学习掌握基本理论知识和技术技能，推动宠物行业不断发展的重要途径，是特种动物养殖专业（宠物养护技术）的重要专业课程。它包括宠物犬的卫生保健、宠物猫的卫生保健、观赏鸟的卫生保健、观赏鱼的卫生保健、宠物兔的卫生保健、观赏龟的卫生保健和宠物鼠的卫生保健七大部分。

《宠物卫生与保健》教材以项目→任务为主线，设“学习目标”“学习内容”“知识拓展”“技能操作”“课后思考”等教学组织单元，并以任务的形式展开叙述，明确学生通过学习应达到的识记、理解和应用等方面的基本要求。本教材图文并茂，并通过信息技术融入视频，使抽象复杂的内容形象生动。

本教材的编写内容与生产实践接轨，力求达到高度科学性、实用性、通俗性，适用于职业院校宠物专业、养殖专业、畜牧兽医类专业使用，也可作为宠物养殖、美容的岗位培训教材，以及宠物保健与美容从业人员的自学用书。

图书在版编目(CIP)数据

宠物卫生与保健 / 刘娣琴，郭志明，康永刚主编. -- 北京：中国农业大学出版社，2024.4
ISBN 978-7-5655-3170-5

Ⅰ.①宠… Ⅱ.①刘…②郭…③康… Ⅲ.①宠物-饲养管理 Ⅳ.①S865.3

中国国家版本馆 CIP 数据核字(2024)第 036600 号

书　　名　宠物卫生与保健
作　　者　刘娣琴　郭志明　康永刚　主编

策划编辑　康昊婷　　**责任编辑**　许晓婧
封面设计　李尘工作室
出版发行　中国农业大学出版社
社　　址　北京市海淀区圆明园西路 2 号　　**邮政编码**　100193
电　　话　发行部 010-62733489，1190　　出版部 010-62733440
　　　　　　编辑部 010-62732617，2618　　读者服务部 010-62732336
网　　址　http://www.caupress.cn　　**E-mail**　cbsszs@cau.edu.cn
经　　销　新华书店
印　　刷　运河(唐山)印务有限公司
版　　次　2024 年 6 月第 1 版　2024 年 6 月第 1 次印刷
规　　格　185 mm×260 mm　16 开本　11 印张　275 千字
定　　价　45.00 元

编审人员

主　编　刘娣琴　郭志明　康永刚

副主编　刘海霞　王　龙　李梅清

编　者　（按姓氏笔画排序）

王　龙　王荣平　李梅清　刘海霞

刘娣琴　郭志明　康永刚

审　稿　张登辉　王治仓

前　言

随着我国经济的发展、社会的进步和人民生活水平的提高、家庭成员的结构变化，饲养宠物的现象更加普遍，宠物成为我国小家庭里的一个“新居民”。伴随着宠物饲养量的不断增加，宠物带来的公共卫生安全和各种保健问题日益突出，宠物卫生与保健技术技能型人才需求也不断增长。宠物卫生与保健课程汇集了宠物营养知识、宠物卫生保健和疫病防治等技能，是动物保健科学的新分支。

根据宠物卫生与保健课程技能性较强的特点，本教材采用项目教学方式编写，将课程内容分为七大项目：宠物犬的卫生保健、宠物猫的卫生保健、观赏鸟的卫生保健、观赏鱼的卫生保健、宠物兔的卫生保健、观赏龟的卫生保健、宠物鼠的卫生保健。本教材适用于职业院校宠物专业、养殖专业、畜牧兽医类专业使用，也可作为宠物养殖、美容的岗位培训教材，以及宠物保健与美容从业人员的自学用书。

本教材根据《国家职业教育改革实施方案》(简称“职教二十条”)、《高等职业学校专业教学标准》以及《“十四五”职业教育规划教材建设实施方案》等相关文件精神，结合宠物专业的职业活动、岗位需求，培养学生的宠物卫生与保健专业能力。作为专业核心课，它所阐述的基本理论与方法对宠物饲养与繁育具有指导意义，且为其他专业课程的学习和从事宠物养护及疾病防控工作奠定扎实的理论基础。

习近平总书记在党的二十大报告中提出：“深化教育领域综合改革，加强教材建设和管理，完善学校管理和教育评价体系，健全学校家庭社会育人机制。”本教材认真贯彻习近平总书记关于教材建设的重要指示精神，把立德树人融入教材建设各个环节，围绕立德立志、增智健体、成才用才推进改革。教材的编写除了注重培养学生专业技能外，还注重提升学生的政治素养，培养学生的敬业奉献精神，激发学生的创新活力，促进学生向新时代德、智、体、美、劳全面发展。

《宠物卫生与保健》的编写分工为：项目一由刘娣琴编写，项目二、项目三、项目

四、项目五和项目六由刘海霞编写，项目七由郭志明、康永刚、王龙、李梅清、王荣平编写。全书由刘娣琴、郭志明、刘海霞和康永刚修改定稿。

本教材是作者近几年宠物卫生与保健理论和实践教学基础上的总结，由于水平所限，书中不足之处还望广大读者批评指正，我们将万分感激并及时改进。

编　者

2023 年 11 月

目　录

项目一　宠物犬的卫生保健

任务一　犬的分类与骨骼结构特点

学习目标

1. 了解犬的驯养简史与犬的常见分类方法，掌握犬的特点及保健方式。
2. 掌握犬的身体部位结构与骨骼结构。
3. 掌握犬的牙齿生长规律，能正确判断犬的年龄大小。

学习内容

一、犬的驯养简史

犬的祖先是狼，经过1万多年的饲养与驯化，始终以人类对食物、安全和伙伴的需求为基础。与人类相比，犬的嗅觉更灵敏，动作更快、更敏捷，所以人类打猎时常需要犬的帮助。不仅如此，犬还是忠实的保镖，它们会驱赶进入居室行窃的人或动物，人类不同的需求使狼逐渐演变为各种类型的犬。

因为环境、气候和人们生活方式的不同，世界上不同地区的人对犬的需求也不尽相同，如北方人需要能拖重物且耐寒的犬。亚洲和欧洲的犬是从印度狼和欧亚狼演变而来的，是人们为了某种需求而驯养的。早在5 000年前的埃及壁画上就出现了灵缇，当时的小狼犬与今天的法老王猎犬和伊维萨猎犬很相似。在埃及，由于天气炎热，动物散发的气味很快就会挥发，所以早期驯化的大部分猎犬主要依赖它的视觉寻找猎物，因此有了视觉犬，如阿富汗猎犬和萨卢基猎犬。同时，这种犬的奔跑速度快并具有良好的耐力。在希腊和意大利等寒冷、潮湿的森林，动物的气味不易挥发，同时由于草木繁盛，靠视觉很难找到猎物，所以这些地区的犬主要依赖嗅觉寻找猎物。这些嗅觉犬腿较短，体型较小，结实，能吃苦。另一类人们称之为狐狸犬，主要有西伯利亚雪橇犬、萨摩耶和松狮犬。世界各地均有这类犬分布。

在中国，松狮犬的祖先已出现在公元200年的汉朝瓷器上。在西藏和其他地区还出现了远古的犬种，常被人们用来看家护院或放牧，这些犬逐渐演化成现代的一些短鼻犬种，如北京犬、拉萨犬、西施犬、西藏猎犬、西藏狮犬等。

罗马时期的地中海地区至少存在 6 个完全不同的犬种。其中，小猎犬和现在的腊肠有些相似。这些犬种中，有奔跑速度快的犬，如灵缇；有体型大的看家犬，如马士提夫犬；又有长鼻犬和短鼻犬，与现在的俄罗斯猎犬、巴哥犬相似。英国早在罗马入侵前就已经有了赛尔特猎犬。

犬的近代驯化历史则是世界各国犬展与犬协会发展的历史。如今诸多的犬品种，主要是 18～20 世纪的 200 年间发展出来的。在这期间，人类社会，尤其是西方各国经历了前所未有的经济发展。社会的繁荣带来更多休闲、娱乐、嗜好的追求，使纯种犬繁殖和犬展比赛日渐繁荣。1 900 年以后产生的许多犬品种，尤其是玩具型小犬种，有很多都是为了满足现代社会的生活需求而培育繁殖出来的。

当时人们按照犬的不同特点将其进行了分工：对于玩赏犬或家用犬，人们喜好活泼、互动性强，忠诚的犬；有攻击性的犬，具有警示作用；而在追赶猎物时要求速度快，反应灵敏，所以要求犬的体型要轻、骨骼结实、腿长并有良好的柔韧性；抓老鼠和挖野兔洞需要迅速、体型小、腿短的犬；体型较大而强壮的犬则适合追赶羚羊等动物；用来拖人或猎物的犬要求体型足够大，并有强壮的身体。

二、犬的分类

全世界的犬种究竟有多少，至今无法进行精确地统计，初步估计有 300～800 种。在种类如此繁多的犬家族中，各种犬在体型外貌、体格大小、被毛性状、生活习性、经济用途等方面具有较大的差异，因而至今还没有国际统一的犬种分类方法。为了便于宠物爱好者能比较客观地认识常见犬种，或对所养的犬进行正确的管理和利用，或对欲饲养的犬能够有针对性地进行选择，现根据犬的体型大小、一般用途以及在全球影响较大的美国养犬俱乐部（AKC）制定的犬类品种标准，介绍以下 2 种较实用的犬分类方法。

（一）按犬的体型分类

在所有陆地动物中，犬的个头变化跨度最大。美国学者经过对 143 个犬种共计 3 241 只犬的遗传物质进行分析后发现，所有小型犬的第 15 号染色体上都存在一种特殊的遗传标记，在其调控下，造就了小型犬永远长不大的较小体型，从而跟中型和大型犬形成了体型上的明显差异。

体高是表明犬体型大小的一项常用体尺指标。体高也称肩高，是指犬自然站立于地面时，肩峰最高处至地面的垂直高度。根据犬的体高和体重大小，可将现代犬种分为 5 个类型。

（1）超小型犬　体重一般在 4 kg 以下，体高不超过 25 cm。吉娃娃犬是世界上著名的最小犬种，成年犬的体高只有 16～22 cm，体重仅 0.9～2.7 kg。

（2）小型犬　体重 4～10 kg，体高 25～40 cm，如最常见的中国狮子犬（西施犬）、北京狮子犬（京巴犬）。

(3)中型犬　体重 11～30 kg，体高 41～60 cm，如松狮犬、沙皮犬。

(4)大型犬　体重 31～40 kg，体高 61～70 cm，如德国牧羊犬、秋田犬。

(5)超大型犬　体重在 40 kg 以上，体高超过 70 cm，如藏獒、圣伯纳犬。

(二)按犬的用途分类

各国的分类方法有较大的差异。归纳起来一般可分为以下 5 类。

(1)玩赏犬(伴侣犬)　适于玩赏的宠物犬。多为超小型或小型犬，如著名的北京狮子犬、中国狮子犬、吉娃娃犬、比熊犬(图 1-1)、博美犬(图 1-2)、小型贵宾犬(图 1-3)、查理士王小猎犬等，也有体型较大者如松狮犬等。此类犬性格温驯，喜与人为伴，相貌多甜美或滑稽，动作乖巧而可爱，而且食量不大，易于饲养，因而人们乐意将其当作休闲的伴侣。饲养玩赏犬历来被当作个人身份和地位的象征，甚至一度成为中外皇室、贵族特有的宠物。在现代，玩赏犬尤其受到典雅女性的青睐。

(2)作业犬　是体型较大的犬类，体力强健、智力发达、服从性好、忠于主人，经过良好的专门调教，可供各种使役作业用。不同用途的作业犬又有不同的叫法，如护卫犬(看家犬)、侦察犬(军犬、警犬)、牧业犬(牧羊犬、牧牛犬)、猎犬、雪橇犬、救援犬、导盲犬等。德国牧羊犬、圣伯纳犬、杜宾犬、拉布拉多寻回犬、纽芬兰犬、阿拉斯加雪橇犬等均属此类。

(3)斗犬　是供人们观看犬咬斗的娱乐用犬。这些犬种大多具有短而粗硬的被毛和宽阔的嘴巴，体质强壮，勇猛善斗，齿爪强健有力，咬斗时异常凶猛残忍。常见的有斗牛犬(图 1-4)、拳师犬、藏獒、沙皮犬等。

图 1-1　比熊犬

图 1-2　博美犬

图 1-3　贵宾犬

图 1-4　法国斗牛犬

(4)跑犬　即赛跑犬,如灵缇、大麦町犬等。此类犬的最主要特征是肢体苗条,腿部修长,跑得快,奔跑时速最大可达 60 km/h,在国外常作为追猎犬。

(5)实验犬　指供生命科学、医学、制药、化工、航天、环保等领域用于教学和科学研究的各种犬。比格犬是国际上最常用的标准实验犬。

三、犬的身体部位结构与骨骼结构

(一)犬的身体部位结构

犬的身体部位结构如图 1-5 所示。

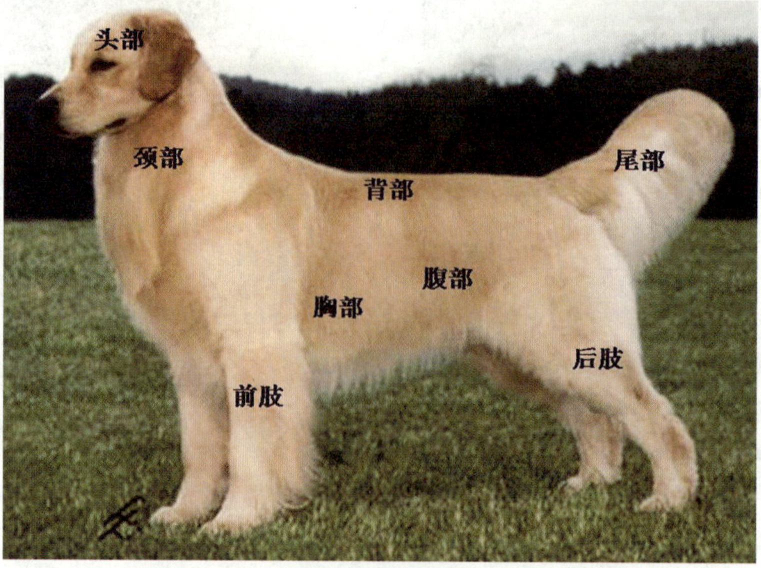

图 1-5　犬的身体部位结构(金毛寻回犬)

(二)犬的骨骼结构

犬的骨骼结构如图 1-6 所示。

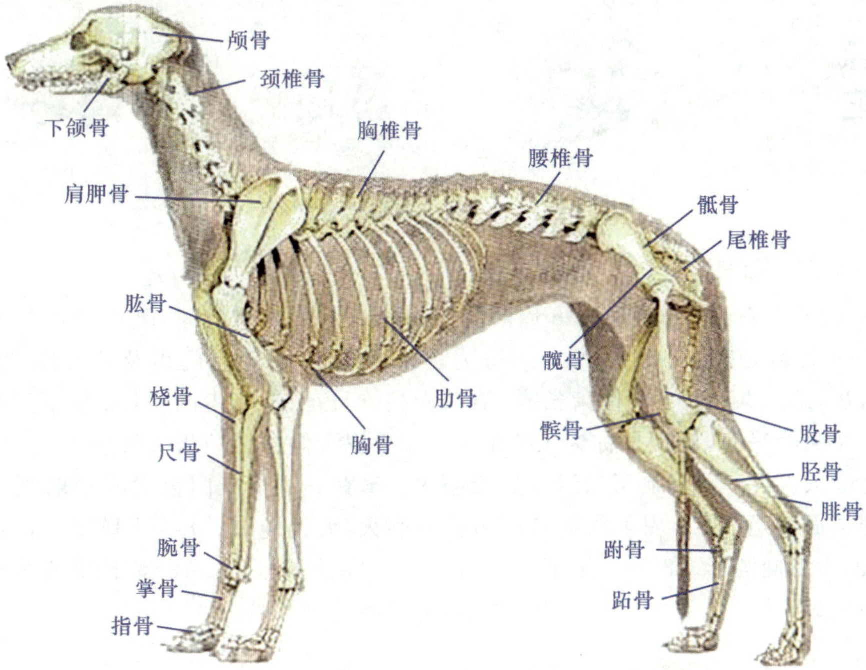

图 1-6　犬的骨骼结构

(三)犬的牙齿

1. 犬的牙齿

(1)乳齿　犬出生后 3 周开始生长门齿、前臼齿,出生后 40 d 长齐。第一前臼齿和后臼齿还没长出,乳牙上颌 14 颗,下颌 14 颗,共 28 颗。

(2)永久齿　成犬的牙齿数:上颌由前方至左右各顺序排列门齿 3 颗,犬齿 1 颗,前臼齿 4 颗,后臼齿 2 颗共计 20 颗。下颌由前方至左右分别为切齿 3 颗,犬齿 1 颗,前臼齿 4 颗,后臼齿 3 颗的顺序共计 22 颗,上下合计牙齿为 42 颗。犬的颅骨根据头颅的形状分为 3 种:长颅骨、短颅骨和中颅骨。长颅骨永久齿 42 颗。短颅骨永久齿 38 颗。牙齿结构与排列方式如图 1-7 所示。

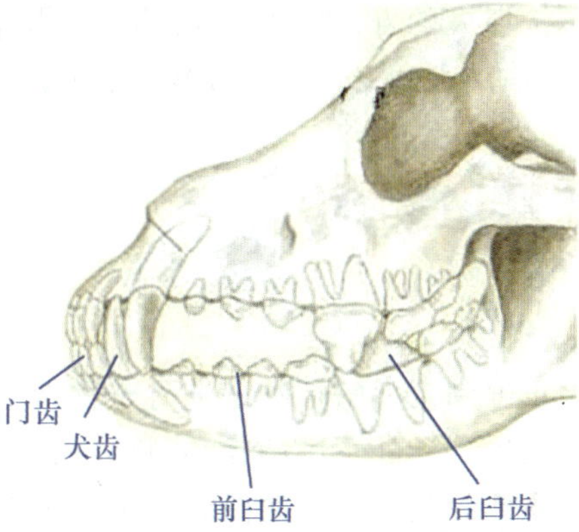

图 1-7　犬的牙齿结构与排列方式侧面图

2. 牙齿咬合形式(图 1-8)

(1)上、下齿可正常咬合的,称为锯齿状咬合,即闭上嘴时上下齿能像锯齿一样咬合在一起,又称剪状咬合。

(2)上齿与下齿相对的咬合方式,称为水平咬合,或钳式咬合。

(3)上齿或下齿突出，不能正常咬合的，当闭上嘴时，上齿比下齿突出的，称为上齿突出式咬合；下齿比上齿突出的，称为下齿突出式咬合。

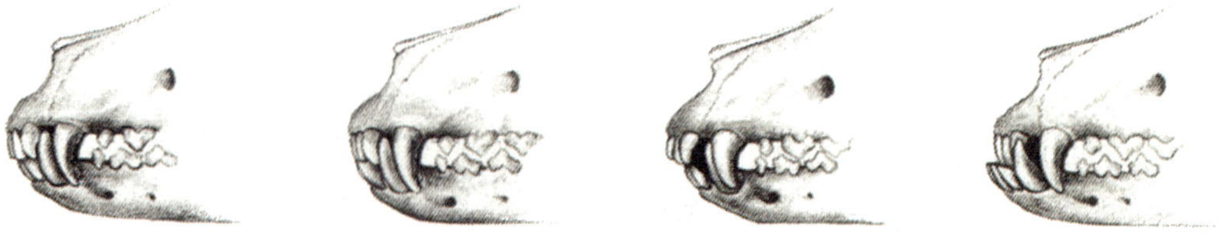

(a)剪状咬合　(b)水平咬合　(c)上齿突出式咬合　(d)下齿突出式咬合

图 1-8　犬的牙齿咬合形式

3. 犬的牙齿生长规律

犬出生 20 d 左右开始长牙，4～6 周龄乳门齿长齐。近 2 月龄时，乳齿全部长齐，呈白色，细而尖。2～4 月龄更换第一乳门齿。5～6 月龄更换第二、第三乳门齿及乳犬齿。8 月龄以后全部换上恒齿，即永久齿。1 岁恒齿长齐，洁白光亮，门齿上部有尖凸。1.5 岁下颌第二门齿大尖峰磨损至小尖峰平齐，此现象称为尖峰磨灭。2.5 岁下颌第二门齿尖峰磨灭。3.5 岁上颌第一门齿尖峰磨灭。4.5 岁上颌第二门齿尖峰磨灭。5 岁下颌第三门齿尖峰稍磨损，下颌第一、第二门齿磨损面为矩形。6 岁下颌第三门齿尖峰磨灭，犬齿钝圆。7 岁下颌第一门齿磨损至齿根部，磨损面为纵椭圆形。8 岁下颌第一门齿磨损面向前方倾斜。10 岁下颌第二及上颌第一门齿磨损面呈纵椭圆形。10～16 岁门齿脱落，犬齿不齐。

四、犬的寿命

犬的寿命一般在 15 年左右，但不同的犬种，其寿命有所不同。小型犬比大型犬的寿命更长些，如博美犬的寿命在 12～17 年，巴哥犬的寿命在 12～14 年，拉萨犬的寿命在 14 年左右，马尔济斯犬的寿命在 12～15 年，可卡猎鹬犬的寿命在 14～16 年，而拳师犬的寿命在 8～10 年，圣伯纳犬的寿命约为 8 年，阿拉斯加雪橇犬的寿命在 10～12 年，㹴犬的寿命在 12～14 年。

技能操作 〉〉〉

犬的年龄判定

正确判定犬的年龄是进行宠物犬卫生保健操作的基础，可有效防止骨折、心脏病等意外事件的发生。另外，可以判断宠物犬的生理年龄与实际年龄是否相符。

操作目的　在宠物保健的过程中正确掌握犬的年龄，选择合理的保健方法；判定犬的牙齿状况与年龄状况是否相符，进而确定犬的健康状况。

操作材料　不同年龄的犬以及不同营养状况的犬数只。

操作要求　根据牙齿生长情况与磨损程度来判定犬的年龄；判别同龄犬在不同的营养状况下、不同的饲养环境中与不同的养护方法下的牙齿生长与磨损状况。将判定结果进行记录和比对，记入表 1-1 中，并对结果进行分析。

表 1-1　犬的牙齿观察情况记录表

品种	体型大小	养护状况	营养状况	牙齿的磨损程度	犬的实际年龄	根据牙齿状况判定的年龄	备注

课后思考

1. 描绘犬的外貌体型部位及骨骼结构图。
2. 犬的品种分类方法有哪些？请举例说明。
3. 犬的牙齿生长规律与年龄鉴定的标准是什么？

知识拓展

一、犬协会介绍

1. 英国养犬协会(The Kennel Club,KC)于 1873 年 4 月成立,其目的是对所有纯种犬加以登记注册,并承办犬展活动。

2. 美国养犬协会(American Kennel Club, AKC)于 1884 年 9 月 17 日成立,是目前世界上最大的纯种犬协会。

3. 世界犬业联盟(Federation Cynologique Internationale, FCI)于 1911 年成立,是一个以协调为主的组织,并不处理犬的注册事宜,它是一个国际性的犬业机构。

4. 德国牧羊犬协会(Verein fur Deutsche Schaferhunde,SV)成立于 1899 年 4 月 22 日,由德国退役的骑兵上尉马克斯·冯·斯特凡尼茨等创办,是世界上最大的单犬种繁殖协会。

5. 中国畜牧业协会犬业分会(China Animal Agriculture Association National Kennel Club,CNKC)是在原中国犬业协会的基础上,经农业部和民政部批准,由从事犬业及相关产业的单位和繁育、饲养犬人员组成的全国性唯一全犬种行业内联合组织。

6. 中国纯种犬俱乐部(China Kennel Club,CKC),成立于 2004 年,是目前国内最大最专业的犬展组织机构。

二、智商排名前10名犬类

根据世界犬业联合会结合489位世界各地驯犬专家、百名动物兽医师及数十名专业警犬驯导教师与各种犬的驯犬专家对各流行犬种进行深入测试观察，并依据世界各地著名养犬户提供的大量相当有价值的资料，进行综合分析并经过对犬只的测试服从性和智商及长期与人配合默契程度进行排名。智商排名前10的犬类，大部分听到新指令5次，就会了解其含义并轻易记住。主人下达指令后，遵守的概率高于95%，此外，即使主人距离较远，也会在听到指令后几秒内做出反应。即使驯犬师经验不足，它们也可以学习得很好。

第1位：边境牧羊犬

第2位：贵宾犬

第3位：德国牧羊犬

第4位：金毛寻回犬（俗称金毛犬）

第5位：杜宾犬

第6位：喜乐蒂牧羊犬

第7位：拉布拉多猎犬

第8位：蝴蝶犬

第9位：罗威纳犬

第10位：澳洲牧牛犬

知识链接 〉〉〉

1. http://www.poeoo.com（中国宠物网）。
2. http://bbs.chinapet.com（宠物中国）。
3. 西敏寺犬展。
4. 犬的AKC标准。
5. 《一眼识好犬：纯种犬评鉴手册》[（美）罗伯特·W.科尔著]。

任务二 犬的饮食保健

学习目标

1. 了解食物中的各种营养成分对犬健康的作用。
2. 掌握犬不同生理阶段饮食的搭配及犬不宜食用的食物。
3. 了解市场上不同品牌的犬粮，及其主要的营养特点、功能和适合的群体。

学习内容

一、犬的均衡饮食对健康的影响

均衡的饮食是保持犬健康的重要因素。宠物饲养者都希望宠物有健康靓丽的外表，皮毛的健康是宠物主人最关注的健康特点之一，宠物主人通过触摸、观察宠物的皮毛，并闻其气味可初步判定宠物的健康状况。按照现代动物营养理论，均衡的营养对保持良好的健康状况至关重要，而且动物的皮毛健康状况也是衡量动物营养状况既显著又灵敏的指标之一。

(一)营养缺乏症在皮毛上的表现

影响宠物犬健康的营养因素很多，主要包括蛋白质、脂肪酸、矿物质、维生素等。

1. 蛋白质

动物毛发 95%的成分是由蛋白质组成的，因此蛋白质的摄入会影响毛发质量，而动物摄入蛋白质的 30%参与了毛发更替、生长及角质化过程，尤其在掉毛季节。一般情况下，如果犬的蛋白质摄入不足，使合成皮毛的原料缺乏，导致犬被毛生长缓慢、粗糙无光泽，从而导致皮肤呈鳞屑、油腻状。皮毛蛋白质中含量较多的氨基酸是含硫氨基酸(如甲硫氨酸、胱氨酸、半胱氨酸)，特别是胱氨酸和半胱氨酸含量可达到 4%以上。每年的 8—10 月是犬被毛生长最快的时期，此时所需蛋白质的量因被毛长短而有所差异。犬在蛋白质缺乏时还表现为食欲下降、生长受阻、体重下降等不良状况。

2. 必需脂肪酸和必需氨基酸

必需脂肪酸包括亚油酸、γ-亚麻酸、乙基-γ-亚麻酸、花生四烯酸、α-亚麻酸、二十碳五烯酸、二十二碳六烯酸。一般动物日粮中，亚油酸的含量较大，脂肪酸有利于维持宠物被毛和皮肤的健康。许多因素会影响脂肪酸的利用，脂肪发生过氧化反应后，会破坏脂溶性维生素并降低蛋白质的可消化性。许多因素易造成脂肪酸的氧化，如食品储存时间太长或温度过高、食品中抗氧化剂不足以及食品加工处理过程中温度太高等。食用氧化变质食物的宠物，可表现渗出性素质、乳糜泻、动脉硬化和掉毛等症状。

必需氨基酸是必不可少的，尤其在维护皮肤及组织完整性方面。若缺乏必需氨基酸，皮肤角质层会受到破坏，皮屑增多，皮肤形成脂肪被膜，十分脆弱，生长缓慢，毛发暗淡无光，皮肤呈干鳞片状、创伤难以愈合，长此以往会导致间接细菌感染，发生脓皮症、脱毛、皮疹，外耳道，趾间出现湿疹性皮炎。

3. 矿物质

影响犬皮毛的矿物质较多，包括硫、锌、铜、碘、硒，它们在动物体内的含量不同，各自所起的作用也不一样。饮食中适量的微量元素是必需的，可以维护表皮的完整性，柔软毛发，并且保护细胞抵抗自由基的侵害。从矿物质的角度来讲，螯合可以提高其营养价值，因为螯合矿物质可以更容易地与目标器官相结合，并且更好地发挥作用，如螯合锌比自由锌更容易与毛发结合。

(1)硫　含硫氨基酸在蛋白质结构中具有举足轻重的作用。如果含硫氨基酸缺乏将造成犬的皮毛生长发育不良、干涩、无光泽。

(2)锌　锌的缺乏会引起角化过度，在动物的嘴部、眼周围、下颚、耳朵上会出现红斑、脱毛、结痂和鳞屑，以哈士奇犬最为多见。

(3)铜　缺铜时，动物表现为毛脱色和弯曲度消失、角化不全，被毛脱落、色素欠缺。

(4)铁　铁主要存在于动物的肝脏和血液中，是动物体内含量最多的微量元素，在皮肤的生长过程中主要参与载体的组成，转运和贮存营养素。

(5)碘　碘和甲状腺的发育密切相关。碘不足导致甲状腺肥大、被毛脱落等症状。常通过在食品中添加含碘食盐加以补充。

(6)硒　食品中微量的硒有助于生长发育，但含硒量较高的食品易发生硒慢性中毒，表现出脱毛症状。

4. 维生素

影响犬皮毛的维生素主要有维生素 A、维生素 E、维生素 C 和部分 B 族维生素。B 族维生素对新陈代谢及毛发生长是必需的，若缺乏，会直接导致皮肤及毛发出现问题。同时，它们对整个神经系统良好运行也有直接作用。

(1)维生素 A　具有维持上皮组织健全的作用。犬缺乏维生素 A 可导致掉毛、皮毛粗糙、皮脂漏、表皮毛囊角化过度、皮肤结痂、细菌继发感染等。维生素 A 缺乏，可通过食用肝、胡萝卜、鱼肝油等加以补充。

(2)维生素 C　最主要的功能是参与胶原蛋白合成，是皮毛的重要组成成分。高含量维生素 C(400 mg/kg)可以促进维生素 E 再生。

(3)维生素 E　在皮毛的发育过程中起抗氧化的作用，阻止细胞膜上不饱和脂肪酸的过氧化反应，缺乏时，动物表现为皮毛粗糙及毛色加深、脱毛、湿性皮炎等。高含量的维生素 E(600 mg/kg)可以延缓细胞老化，维生素 E 可以阻止自由基的攻击，减轻细胞应激压力，从而起到保护细胞的作用，加强免疫力。

(4)维生素 B_2(核黄素)　缺乏可导致角膜混浊，后腿及胸腹部呈鳞屑状皮肤炎并有红斑。维生素 B_2 缺乏，可通过饲喂酵母、啤酒、动物肝肾加以补充。

(5)维生素 B_6　与蛋白质代谢的酶系统有关，参与糖类、脂肪的代谢，维生素 B_6 缺乏可导致皮肤损伤。

(6)泛酸　缺乏主要导致脱毛、毛褪色(如黑色变成红棕色再变成灰色)、软组织(如皮肤)

呈鳞片状角化等。

(7)烟酸(尼克酸)　主要参与糖类、脂肪和蛋白质的代谢,尤其在体内供能代谢的反应中起重要作用。烟酸缺乏可导致唇发红、创伤性皮肤炎等。烟酸缺乏可通过饲喂酵母、小麦、燕麦的胚和麦麸加以补充,也可添加专门为犬设计的维生素产品。

(8)生物素　以辅酶的形式广泛参与糖类、脂肪和蛋白质的代谢。生物素缺乏可导致毛褪色、皮肤损伤、皮肤角化过度、毛生长不良。生物素缺乏可通过饲喂酵母、啤酒、动物的肝肾加以补充。

(9)维生素 B_{12}　在体内参与多种代谢活动,如氨基酸合成蛋白质、糖类及脂肪的代谢活动。

5. 水

水分是每一种生物所需的最基本的营养成分。据估算,犬的水分需求量大约是正常干粮(干粮中含有 10%的水分)需求量的 3 倍,或每千克体重水分的需求量为 50 mL。如果用含 80%水分的湿粮喂犬,犬就可以相应地减少饮水,而不会有脱水的危险。正常情况下,犬只要想喝水都可以提供给它们,但应定期记录它们的饮水量。因为当犬的饮水量出现变化,可能意味着它们的胰脏出了问题,或是染上传染病(特别是子宫感染)。在炎热的夏季,脱水会造成犬急速死亡,要保证供水充足。当犬和主人外出时,需要带水和喝水的容器,每隔一段时间要停下来让犬喝足水。总之,对于犬来说要随时供应新鲜而干净的饮水。

由此可见,影响宠物犬皮毛状况的营养因素很多。日常饲喂中应提供全面而充足的营养,一旦出现营养缺乏症需及时找出原因,并调整营养方案,使宠物犬更加健康美丽。

(二)犬的饮食问题

1. 食物的颜色、形状与气味

食物的颜色与形状(肉形、蔬菜形等)会给宠物主人留下深刻的印象,但对犬来说并不如对宠主那样显著。因此,食物的外观不会明显影响犬对食物选择的偏好。然而,犬对食物的气味比较挑剔,进食之前总会进行嗅闻。犬的嗅觉灵敏度远超人类,因此在食物的选择中起很大作用。一旦食物的气味不符合他们的喜好,便会显著影响其食欲和进食量。

嗅觉对犬饮食习惯的形成是非常重要的,母犬的饮食爱好会影响幼犬的嗅觉偏好。母犬食物中的特定味道会通过乳汁传递给幼犬,从而影响其日后的口味偏好。从 4 日龄起,幼犬嗅觉印记会受到食盆里散发气味的影响,随后幼犬自然而然地会喜欢同样气味的食物。因此,可以在幼犬刚断奶时,通过训练让它们习惯食用颗粒食物。当犬拒绝食用某些干粮时,可以用温水泡开,增强其风味。因此,温水是简单、经济又有效的"调味剂"。

食物进入口中,食物的味道、质地和温度起决定作用。犬能感觉到 4 种基本味道(酸、苦、咸、甜),虽然它们的嗅觉是如此突出,但也需要味蕾的帮助。因此,犬先闻,后品尝,最后吞下食物。犬能记住超过 4 000 种不同的气味。

2. 厌食症

犬的厌食症中最常见的是因发热、性兴奋或食物竞争引起的厌食症。另外,因食物没有保存好而产生变质和异味,或者犬挑食也会造成厌食。如果犬不是出于以上原因而拒绝食物的话,应及时就医。

3. 食欲特别旺盛

犬出现食欲旺盛的原因很多，可能是由于害怕吃不到而出现犬之间对食物的竞争、激素分泌紊乱、食物的能量不够等。这种情况下，可以通过确定具体的食物消耗量、粪便排出量、犬体重的改变、犬行为的变化来做出正确的判断。

4. 异食癖

犬吃了不该吃的物质，如偶尔吃草，随后出现呕吐，属于正常情况。但是这种行为如经常发生则通常是胃炎的初始征兆。如果犬舔墙壁、地板或吃垃圾，则预示着其患有异食癖，并常常伴有抑郁综合征。患有异食癖的犬应及时给予治疗，同时调整其生活环境。

5. 食粪

食粪指犬吃自己粪便或其他动物粪便的情况。除哺育幼犬的母犬会通过舔幼犬的粪便帮助其清理身体外，其他食粪的犬通常是由于粪便中含有未消化的营养素，这些营养素可能仍保留着可供食用的物质而发生食粪。这时需要进行调查，排除该食粪犬的消化吸收问题，分析粪便中是否有寄生虫或未消化的蛋白质和淀粉存在。这种现象也会出现在消化性能降低的过度饮食现象中，因为过度饮食会使消化容积超负荷，并加速食物在消化道内通过的时间。这种情况下，仅仅减少食物的量就足以使犬恢复正常。除此之外，某些品种的犬会倾向于食粪，如患胰腺分泌不足的德国牧羊犬等。

二、不同的食品及营养成分对犬的作用

（一）犬粮中的蛋白质与纤维素

图 1-9　颗粒型犬粮

犬粮（图 1-9）应该结合犬的体型、年龄、活力水平，以及不同犬种的生理特点和生活方式等进行选择。对于大型犬来说，这些犬粮可用来控制体重，并减少因体重超标带来的功能紊乱等问题。好的犬粮会为宠物犬提供均衡的营养，如成年犬的饮食搭配丰富，不需要高蛋白的犬粮。蛋白质被认为是昂贵的营养成分，因为它一直被比作躯体之根本，有助于身体发育成长与组织再生。不过，食物中蛋白质含量的高低并不一定反映食物质量的好坏。蛋白质由氨基酸组成，氨基酸的构成比例与平衡性决定了蛋白质的生物价值，以及能否满足个体的营养需求。蛋白质不同于脂肪和糖类，过剩的蛋白质并不能存储在体内但会对肾造成过重的负担。因此，宠物食品配方的专业技术体现在蛋白质的质和量的平衡。当构成蛋白质的氨基酸比例合适，犬能适应 20%～50%的蛋白质含量。只有少数的犬因为要做大量的运动而需要高蛋白的食品。食品包装上的纤维素含量只是法定要求含量，并不能说明纤维素实际的质量与含量。实际上食粮中测量的只是纤维素总量的一部分，用“食物纤维”表示更为准确。可溶性纤维（如甜菜浆）与不可溶性纤维（玉米）组合，能确保肠道健康，帮助消化。因此，纤维素对粪便质量是十分重要的。不过，食物中过高的纤维素含量也会导致消化性能迅速降低。

(二)处方食品

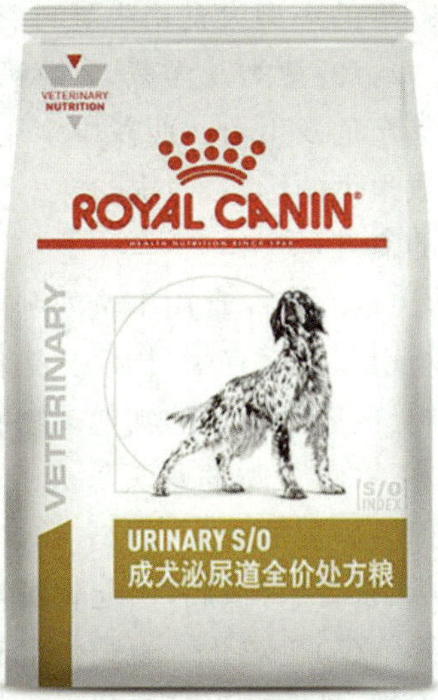

图 1-10　处方食品

处方食品(图 1-10)是在充分研究了某些疾病病理的基础上,通过在食物中减少或增加某些成分,改变体内的代谢过程,从而达到防止疾病的发生或促进疾病痊愈的作用。糖尿病,肾、肝、心脏、胃肠、膀胱疾病都能通过特殊的食物来辅助治疗。如防止尿石症的处方食品,可以降低镁、磷的含量,减少矿物质在尿中的浓度;改变尿液的 pH,形成酸性尿,促进磷酸盐的溶解;减少蛋白质并提高盐分的摄取量,从而增加尿量而促进磷酸盐的溶解。因此,使用该食品能很好地预防尿石症的发生,对已发生病变的,也可以用该食品进行辅助治疗。对于腹泻的犬,在进行常规治疗的同时,也可通过饲喂专门的食物来促进康复。该类食品具有低残留的特性,可使宠物减少进食并稳定宠物的胃肠,以减少宠物的呕吐、腹泻。此外,其中各成分品质高、养分易消化,且脂肪含量低,可满足呕吐、腹泻后身体复原的要求,促进患病动物尽快恢复。患有肝病的犬能很好地耐受易消化的植物蛋白(水解大豆蛋白),摄入 *L*-肉毒碱可促进肝对脂肪的代谢,有助于满足肝对高能量的需求。为了让食疗产生效用,犬在治疗期间不能食用处方食品以外的东西,这样有助于病犬恢复健康。

(三)食品添加剂

如果犬粮品质高、营养均衡,一般不需要额外补充维生素和矿物质。因进食劣质的犬粮而造成营养不良、生病的妊娠犬及幼犬,需要在兽医的建议下使用添加剂。当需要大量的钙时(如妊娠初期),身体机能还处在没被激活的状态。而犬摄入钙不足,可能造成痉挛。健康的犬有很强的调整钙质不平衡的能力,既能从钙质充足的饮食中排出过剩的钙,也能从缺乏钙质的饮食中利用大部分的钙。有人认为给一些大型犬的幼犬用补钙食品或给大型犬的幼犬喂食成年犬的食物,可以促进骨骼生长,满足身体所需的能量,让犬长得更结实彪悍,但补充过量的钙也会导致内部调节系统功能(从骨架调动钙质)的停滞,使犬的骨骼畸形,甚至导致犬残疾。维生素不宜过少,也不宜过多,一般情况下建议不必为犬额外补充维生素,一方面由于目前犬粮产品都会添加适量的维生素;另一方面,某些维生素(A、D 和 E)剂量过高,十分有害。如果是自制犬粮,则需要另外补充维生素或者矿物质,以满足犬的营养需求。

三、喂犬时应注意的问题

(一)犬不可以吃的食物

(1)巧克力　巧克力中的咖啡因可使犬输送至脑部的血流量减少,从而导致心脏病以及其他有致命威胁的疾病。纯度越高的巧克力咖啡因含量就会越高,对犬的危害也就会越大。6～

9 kg 的小型犬食用牛乳巧克力 226～340 g 或者黑巧克力 28 g，就有危及生命的可能。

(2)葱类　洋葱、大葱都含有二硫化物成分，会造成犬的红细胞氧化，可引起溶血性贫血，甚至危及生命。西餐中多用洋葱配菜，有的汉堡包中夹有洋葱，虽然量少，但也会对小型犬造成很大的影响。1 周 1～2 片洋葱便足以损害红细胞，影响输氧量，进而无法提供犬身体所需的氧气量。

(3)肝　食用少量的肝对犬有益，但过量可能引起不良反应。因为肝含有大量维生素 A，会引起维生素 A 中毒或者维生素 A 过多症，使犬出现骨骼畸形、体重减轻等症状。1 周 3 个鸡肝(或对应量的其他动物肝)的量，就会引起骨骼问题。

(4)禽类的骨头　犬爱啃骨头，骨髓是极佳的钙、磷、铜来源，啃食大骨有助于清除牙垢。但易碎裂的骨头，如鸡、鸭、鹅等禽类的骨既小又硬，犬囫囵吞下可能会刺穿喉咙，或割伤犬的嘴、食管、胃或肠，引起胃肠出血，甚至会引起窒息。禽类骨头煮烂或烘脆后可以饲喂。

(5)生鸡蛋　生鸡蛋含有一种卵白素的蛋白，它会耗尽犬体内的生物素，导致犬脱毛、生长迟缓、骨骼畸形等症状。生物素是犬生长及促进毛皮健康不可或缺的营养。此外，生鸡蛋通常也含有病菌，如沙门菌、大肠埃希氏菌等，容易导致犬腹泻等疾病发生。生鸡蛋煮熟后可以饲喂。

(6)海鲜　犬吃虾、蟹、墨鱼、章鱼、海蜇等容易引起消化不良，出现腹泻现象。另外有些犬对海鲜产品容易过敏，尽量不喂。

(7)刺激性食物　辣椒、生姜、胡椒、大料等不宜饲喂，会刺激犬的味觉，甚至会影响犬的嗅觉灵敏度。

(8)高糖、高脂肪、高盐分食物　高糖、高脂肪食物易使犬发胖而诱发一系列疾病，如心脏病、动脉硬化、脂肪肝等。而咸鱼、鱼虾干、腊肉、火腿及腌肉等盐分高的食物会加重犬肾排泄的负担，影响肾脏健康，打破体液平衡，造成各种皮肤疾病。

(9)生肉　生的家禽肉及其他肉类对犬有危险，最常见的是沙门菌及芽孢杆菌感染，另外猪肉内的脂肪球比其他肉类大，可能阻塞犬的微血管。因此在饲喂时应避免猪肉制品，尤其是含有硝酸钠的培根。

(10)食用菌类　市售的食用香菇、蘑菇等对犬是无害的。但还是应避免让犬食用，以免养成吃蘑菇的习惯，在野外误食野生毒蘑菇。

(11)葡萄　有些宠物犬天生对葡萄过敏，饲喂时很容易引起肾衰竭，导致犬呕吐、腹泻、腹痛、食欲不振，犬会变得沉郁，严重时临床上会发生少尿、无尿，最后导致肾衰竭。

(12)牛乳　一般冷藏的牛乳、冰淇淋和其他乳制品也不能给犬吃，特别是对发育未完全的幼犬影响最大。通常少量冷牛乳就会造成幼犬腹泻，长期如此会形成习惯性腹泻，导致犬体虚弱，阻碍幼犬生长发育。其实，即便是加热的牛乳和其他乳制品也只能少量地喂犬，很多犬有乳糖不耐受症，如果犬喝了牛乳后出现腹泻、脱水或皮肤发炎等症状，应停止喂牛乳。一般有乳糖不耐受症的犬应食用不含乳糖成分的牛乳。

(13)过量维生素 C　犬可以在体内合成维生素 C，不需特意投喂含维生素 C 的新鲜蔬菜和水果，吃得过多容易引起消化不良。

(二)犬有食草的习惯

在自然状态下,犬食用生肉和骨头,偶尔食少量的野生植物或青草,以补充必需维生素和矿物质。由于长期被圈养,犬几乎成了杂食动物,一般的食物都能吃。犬有时也吃草,有时吃草后会出现呕吐物为黄绿色汁液的现象,不用紧张。由于犬不能自己控制饮食,也会暴饮暴食,所以家庭犬主人要掌握犬的饮食规律,科学合理地安排饮食,这对犬的健康非常重要。

(三)让犬保持合适的体重

目前人们普遍对自己的犬溺爱有加,表现在饮食上就是给予过量食物,导致犬超重,引起一系列的健康问题。如果犬的体重超出了正常的体重范围,应该每天带犬出去玩耍,给予适量营养均衡的食物,使犬保持适当的体型体重。对于非专业的人士来说无法判断犬体型是否标准。这里推荐一个简单易行的方法,即用外部观察法判断犬的体重是否适当。用该方法检查,标准体重的犬应该达到以下 3 个要求:

①通过触摸可以感觉到胸部侧面的肋骨,但看不到。

②俯视犬时,可以看到犬腰部比胸、臀部窄。

③侧视犬时,可以看到犬的腹线沿着胸廓上收的弧度向上收。

(四)其他应注意的问题

1. 定时、定量、定温、定质

饲喂犬时应注意做到“四定”,即定时、定量、定温和定质。

(1)定时　指每天饲喂时间要固定。定时饲喂可使犬形成条件反射,每到喂食时间,胃酸分泌增多,胃肠蠕动加强,饥饿感加剧,从而使其采食量增加,消化吸收能力也增强。不定时饲喂的犬易患消化道疾病。一般情况下成年犬早晚各喂 1 次比较合适。

(2)定量　指每天喂的饲料量相对固定,防止犬吃不饱或暴饮暴食而导致消化不良。避免幼犬因未吃饱而咬木板、沙发、拖鞋、犬笼等,但又不能无限制地让其吃得过饱。

(3)定温　犬喜欢温热的食物,饲料温度 40 ℃左右为宜,当食物的温度超过 50 ℃时,犬有可能拒食。因此,应避免食物过热或过冷,太热的食物会烫伤犬的口腔,而太冷的食物则容易导致犬腹泻。

(4)定质　指日粮的配合不要变动太大,喂的饲料一定要保持清洁新鲜,防止吃霉烂腐败的饲料,变更饲料时要逐渐进行,一定要保证饲料的安全。

2. 定食具、定场所

(1)定食具　犬应固定食具,不要经常更换。食盘要大一点,每次添食不要太多,盖住盘底即可。让犬舔食,吃完再添加,使其养成不剩食的好习惯。

(2)定场所　犬的喂食场所要相对固定。因为犬有在固定地点睡觉、进食的习性,有些犬在更换饲喂场所后食欲不振,甚至拒食。犬在固定地点进食是一个非常好的习惯,养成这种习惯的宠物犬一般不会到外面乱吃东西。宠物犬的进食地点要远离厨房和餐厅,最好是犬窝附近,以免其养成餐桌附近找东西吃的不良习惯。

3. 观察犬的进食情况

因饲料单一、不新鲜、有异味等，犬不愿采食；饲料中含有大量化学调味品，或含芳香、辣味等有刺激性气味的物质，以及特别甜或咸的食物，均影响犬的食欲。喂食的场所不合适，如强光、喧闹，几只犬在一起争食，有陌生人在场或其他动物干扰等。如上述原因都排除了而食欲仍不见好转，应考虑疾病问题，要注意观察犬体各部位有无异常，发现问题及时就医。

4. 合理的饲喂次数

犬科学合理的餐食次数一般根据其年龄确定，按 3 个阶段进行划分：①断奶至 10 周龄 4 餐/d；②11～16 周龄 3 餐/d；③17 周龄及以后 2 餐/d。

5. 清洁充足的饮水

水对犬的意义重大，犬几天不食不会对身体造成很大影响，但几天不饮水则会对身体造成极大影响，甚至导致死亡。可在犬舍内或运动场所放一盆清洁的水，让其自由饮水。

6. 少饲喂残羹

残羹剩饭的营养不均衡，饲喂量不应超过食量的 10%。饲喂前，应剔除肉上的脂肪，用水冲去骨头表面的盐和油。

7. 奖赏和零食

奖赏和零食都应该尽量少给。在训练时给犬奖赏零食，同时要控制正餐食物的供给。对于幼犬和老年犬来说，咀嚼对身体的健康有益。如咀嚼人造犬骨头，有助于刮除牙垢，清洁牙齿，促进排便。咀嚼还可以为它们带来巨大的愉悦感，让它们有事可做，不会用过剩的精力去破坏家里的物品。另外，不要随意给犬饮用饮料，有些饮料中含有咖啡因，会导致犬呕吐或不适。

技能操作 〉〉〉

对犬商品食粮的感官特征进行评价

操作目的 通过人体的感觉器官，借助于看、闻、尝、触等方式，以饲料的物理形态、颜色、气味、质地等是否正常作为依据，对饲料是否发酵、霉变、虫蛀等进行判断，同时观察饲料中是否含有异物。

操作材料

(1)玉米、小麦、大豆、大麦和麸皮等。

(2)鱼粉、肉粉、肉骨粉、*DL*-蛋氨酸和 *L*-赖氨酸等。

(3)石灰石粉、磷酸氢钙、硫酸亚铁、硫酸铜、氯化钴、硫酸锰、硫酸锌和亚硒酸钠等。

(4)维生素 A 乙酸酯、50%氯化胆碱、*L*-抗坏血酸钠、氰钴素、叶酸、盐酸吡哆醇、烟酰胺、烟酸、*D*-泛酸钙、硝酸硫胺、盐酸硫胺和核黄素等。

(5)准备几种常见的商品犬粮，并选择不同的价位与等级。

操作要求 将正常的与霉变的饲料原料或犬粮进行比较，同时描述正常的与霉变的饲料原料或犬粮的感官特征记入表 1-2。并对上述的指标进行评价。

表 1-2　饲料原料、犬颗粒食粮的感官特征评价

饲料原料或犬粮的商品名称	适合的犬龄	霉变	气味、色泽	颗粒的形状、大小、硬度	主要的营养成分含量	备注

课后思考 〉〉〉

1. 各种营养成分的缺乏在犬的被毛上是如何表现的？
2. 犬不宜食用的食物有哪些，会产生何种不良反应？

知识拓展 〉〉〉

一、肥胖症

肥胖症（图 1-11）是成年犬猫较多见的一种脂肪过多性营养疾患。一般超过正常体重15%以上便是肥胖。西方国家44%犬和12%猫身体超重。

（1）识病要点　犬猫皮下脂肪丰富，尤其是腹下和身体两侧，体态呈现丰满，用手不易摸到肋骨，就是肥胖。肥胖犬猫食欲亢进或减少，不耐热，易疲劳，迟钝不灵活，不愿活动，走路摇摆。肥胖犬猫易骨折，易患心脏病、糖尿病，影响生殖等，麻醉和手术时容易发生问题，生命缩短。

（2）发病原因　肥胖与品种、年龄、性别及遗传因素等有关，12 岁以上犬和猫易发生肥胖，母犬猫肥胖症多于公犬猫，吉娃娃、短毛腊肠犬、斗牛犬、巴哥犬、比格犬、拉布拉多犬和短毛猫都是容易肥胖的品种。食物适口性好，摄食过量，运动不足，或患有呼吸道疾病、肾病和心脏病的犬猫，容易肥胖。犬猫绝育和某些内分泌性疾病，如糖尿病、垂体瘤、甲状腺机能减退、肾上腺皮质机能亢进、下丘脑受到损伤等，都可能引起犬猫摄食过量，从而导致肥胖。

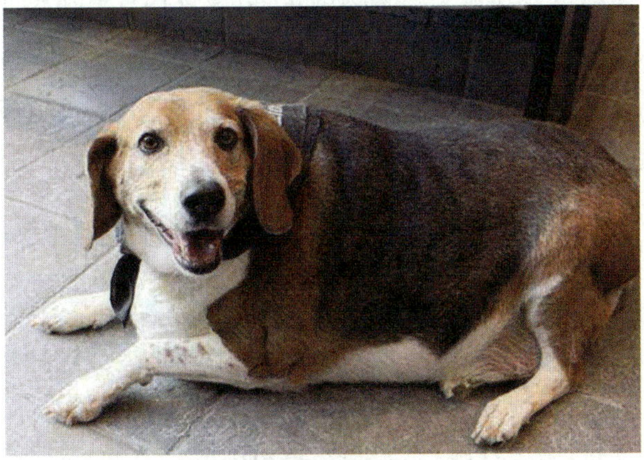

图 1-11　肥胖症

（3）防治方法　定时定量饲喂犬猫，采用多次少量，把一天食量分成 3～4 次饲喂，不到喂食时间，不给犬猫任何食物。让犬

猫每天有规律地进行 20～30 min 的小到中等程度运动。减少食物量，犬只喂平时食物量的 60%，猫只喂平时食物量的 66%；或饲喂高纤维、低能量、低脂肪的食物，使犬猫有饱腹感不饥饿。

二、佝偻病

佝偻病是幼年犬猫钙磷营养代谢紊乱的一种疾病。主要表现为生长发育过程中的成骨障碍，使骨骼钙化不全和变形。成年犬猫由于钙磷营养代谢紊乱，使体内缺钙，引起骨骼软化，称为骨软症。

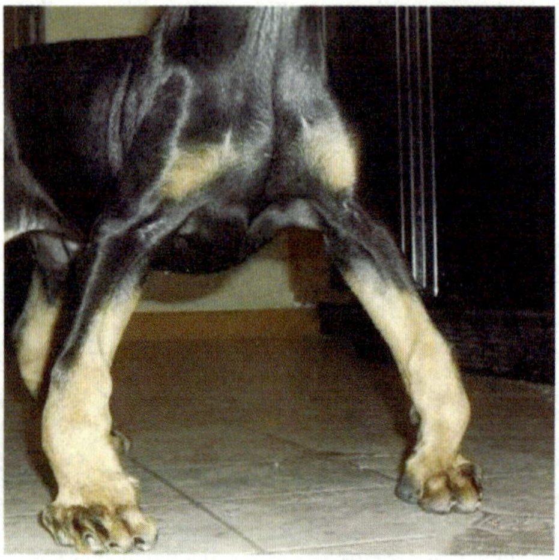

图 1-12　佝偻病

(1)识病要点　此病多发生在断奶后到 1 岁龄，尤其多见于断奶后 2～4 个月。患病犬猫外表似乎正常，表现吃食减少，粪便干或排稀便，消瘦，不愿活动，尤其害怕从高处跳下。口腔牙齿生长发育缓慢，肋骨和肋软骨处有念珠状肿大，肋弓后下方向外展。四肢有的变形，呈“X”或“O”形腿(图 1-12)，容易发生骨折。严重者在腰间脊椎处凹陷，骨盆腔变得狭窄，发生便秘，排粪困难。从高处跳下，可引起后躯发软或瘫痪。成年犬猫缺钙，表现胃肠机能紊乱，食欲欠佳，四肢发软，走路摇晃，喜吃异物等。实验室检验：血钙减少或正常，碱性磷酸酶活性增加。

(2)发病原因　饲喂肉或肝脏过多，使磷多钙少，比例不当。犬猫食物中钙和磷正常比例应为(1.2～1.4)∶1，当钙和磷比例为 1∶3时，将发生佝偻病，而肉和肝脏中钙和磷比例在 1∶20 以上，因此，更容易发生佝偻病。成年犬猫晒太阳少或食物中缺少维生素 D，饲喂肉和肝脏过多，将会发生骨软症。

(3)防治方法　给患病犬猫静脉注射 10%葡萄糖酸钙注射液，猫 5～10 mL，犬 10～40 mL，隔天 1 次，连用 4～5 次。给喂肉的犬猫，肌内注射维丁胶性钙注射液 1～4 mL。常喂肝脏的犬猫不注射。要改变单纯或过多饲喂肉和肝脏的习惯，方法为通过 15～30 d 的时间，逐渐增多其他犬猫食物的量，以减少肉或肝脏的饲喂量。如果饲喂肉或肝脏，每饲喂 100 g，应加 0.5～1.0 g 碳酸钙或 5～10 g 骨粉。或完全改为饲喂商品性犬猫食品。

三、糖尿病

糖尿病是胰岛细胞分泌胰岛素机能降低，或胰岛素在其他组织灭活所引起的一种疾病。犬的发生率可达 0.5%。

(1)识病要点　犬糖尿病发生在 4～14 岁，7～9 岁最多见，母犬比公犬更易发病。猫多发生在 6 岁以上的短毛猫，公猫比母猫多发。糖尿病表现虚弱、多尿、多饮或缺乏食欲，体重迅速减轻，精神抑郁及腹痛，触摸肝脏增大。患病犬猫外伤难愈合，易发生膀胱继发感染。实验室检验：血糖升高，血脂和尿素氮浓度也升高，长期严重糖尿病可发生酮酸中毒。尿液检验：尿糖和尿酮体均呈阳性。

(2)发病原因　各种原因(如胰腺炎等)引起的胰岛细胞损伤;长期营养过剩,犬猫过度肥胖;遗传因素,如肯斯猎犬、普利克犬、拉布拉多犬、贵宾犬、小型雪纳瑞犬、哈士奇犬等,这些品种犬易患本病;某些激素过多或长期使用,如肾上腺皮质激素、孕酮等,也能诱发糖尿病。

(3)防治方法　犬猫糖尿病多是胰岛受损,胰岛素分泌减少引起,需用外源胰岛素治疗。常用中性精蛋白锌胰岛素,皮下注射后 1～3 h 发挥作用,4～8 h 血液中浓度达高峰,作用时间 12～24 h。肥胖病犬猫饲喂低能量食物;瘦犬猫饲喂高能量食物,并渐变至饲喂老年性食品。病犬猫仍需保持适当的活动。

知识链接

1. http://www.royal.canin.cn/(皇家宠物食品官网)。
2. http://www.bpet.cn/index.php/brands/flavor.html(比瑞吉宠物用品官网)。
3. https://pet.pclady.com.cn/dog/health/0909/451392.html(太平洋时尚网)。

任务三 犬的调教与运动保健

学习目标

1. 让犬学习社会交往，使其行为规范化。
2. 掌握幼犬与成年犬的训练方法及其区别。
3. 熟悉调教犬的基本规范化动作，如握手、坐、趴下、立、随行、定时定点上厕所等行为。
4. 学会纠正犬的不良行为。
5. 掌握犬的运动与保健的关系。

学习内容

一、调教宠物犬的必要性

对于宠物而言，调教含有接受管理和训练的双重意义。管理侧重于照料，体现爱护与关心；训练则是通过有计划、有步骤地强化指导，使之学会一定的特长或技能。犬是由远古时期的狼经过人的驯养进化而来的。家养的犬虽已融入人类的生活，而且聪明可人，但它们毕竟是动物，还带有一定的野性，更不具备人的理性与思维，要想使其完全适应与人共同生活，并遵守一些必要的规则，比如不随地大小便等，就必须给予最基本的调教。除此之外，人们还希望家庭饲养的玩赏型宠物犬能够掌握一些特殊的表演技能，使之为家人带来更多的欢乐，还有可能要求大型宠物犬在某些方面成为人的理想帮手。

因此，对宠物犬进行调教的必要性包括以下几个方面。

①使犬服从主人及其他所有的家庭成员，便于对其进行管理。

②使犬养成良好的习惯。不骄纵其攻击性、破坏性和与生俱来的随意性，使之能很好地适应家庭生活并且不扰邻、不危害社会。

③有利于增强犬的体质，使其成为健康、活泼、人见人爱的宠物犬。

④避免犬的肢体发生畸形，犬的某些本能性行为会对生长发育产生不利的影响，比如犬自幼年起就长期低头采食，往往会导致前肢不正、弓背、耷拉头或随便从地上捡东西吃等。

⑤培养犬形成良好的性格，提高其适应环境的能力，对周围的人、物、车辆和动物能保持正常的反应。

⑥培养犬的守卫能力，使之具有适度的警惕性，沉着而克制，有较强的控制情绪的能力。

⑦教犬掌握一些常见的表演技能，这是活跃家庭气氛所需要的。

⑧大型犬或专业犬类还应该掌握一些如捕猎、参加犬展等所需的其他特殊技能，以满足主人的需要。

二、宠物犬接受调教的生理学基础

要想成功地对犬进行调教，就必须了解犬的习性和生理特点。从犬本身来说，它的性格、生活习性以及固有的行为特点在很大程度上是从双亲遗传来的，但出生后的环境因素也起着相当重要的作用。在接受调教以前，不同个体的犬在这些方面千差万别，而这也正是每一只犬非条件反射的具体表现，可以利用它的非条件反射对之进行调教。为了能比较顺利地进行因犬施教，有必要先了解一些与非条件反射有关的犬的生理学特点。

(一)犬的神经型

犬的神经型就是通常说的犬的性格，俗称“脾气”。不同的宠物犬，调教的难易程度不同，其原因相当多，但除了调教者的技术水平等客观因素以外，犬的神经型是一个非常重要的因素。在其他条件相同的情况下，神经型适宜的犬，较易于接受调教。

犬的基本神经型可分为 4 种。

(1)兴奋型　神经系统兴奋活动的能力显著大于抑制活动，情绪不易控制(自制力差)，其表现是急躁、暴烈、不易约束，常带有攻击性。

(2)抑制型　神经活动能力差，在行为上表现为胆小、怯懦，不爱动且精神紧张，经常处于防御状态，易于疲劳。这是生理学上最差的神经型。

(3)活泼型　活泼、好动且较温和，善于适应环境的复杂变化，形成条件反射快，易于调教。这是生理学上最好的神经型。

(4)安静型　对环境的刺激反应冷淡，形成条件反射较慢，行为较安静、温顺、有节制，但这类犬容易过肥。

活泼型或安静型的宠物犬能较好地接受调教，建立起牢固的条件反射。在调教的过程中，对于兴奋型的犬，要恩威并用，培养其克制力而增强其对主人的服从性和依附性，有时可强制性地要它做出某个动作，有时也可柔中带刚地对它做出必要的妥协，比如适当地缩短每次的训练时间并多陪它玩耍，促使它放松一些，但调教中的要求不可降低。抑制型的犬因胆小而常担心自己会受到伤害，故容易先下手为强地做出过激的举动，所以对此类犬一方面要注重态度温和、友好，让它感受到主人对它的关心，使之把紧张情绪逐渐减弱。另一方面不要急于追求进度，不要求它一次学得多、学得快，而是要加强重复，在保证安全和调教质量的前提下一点一点地训练，天长日久，终究会得到满意的效果。

(二)犬的认知能力

(1)嗅觉极其敏锐　据研究，人类的鼻子可以闻到 10 000 种不同的气味，犬的鼻子比人更胜一筹，哪怕一种气味的浓度低至人类所能闻到的十万分之一，它也可闻得出来。

(2)善解人意，忠于主人　跟主人建立了感情的成年犬，会对主人产生高度的服从性、依附性，表现为遵守号令，无比忠诚。犬能够准确理解主人的简短命令、表情和手势，真可谓善解人意，聪明可人。

(3)记忆力强　能准确而牢固地记住以往接触过的声音、气味和形象。这在犬对人、物的识别以及性格和习惯的形成等方面起着极为重要的作用。

(4)听觉好,警觉性强　犬的听觉非常发达,在数百米外人所听不到的声音它也能听到。它的警觉性极强,即使在睡眠中,靠着贴近地面的耳朵也能觉察到从远处传来的极轻微的声响,并能准确地辨别这种声音是否熟悉。不过,未经特殊调教的犬不够沉着,异常的声响会引起它吠叫。胆小的犬在听到巨大的陌生声响后会异常惊恐,表现为浑身战栗、贴近人身或夹尾躲藏,而胆大的犬则只是被吓了一跳后,会朝着声源方向竖起耳朵听。

(5)视觉差　犬是天生的色盲,在其眼里任何物体都只有黑、白或灰之分,对其他色彩无分辨能力,因而只能根据物体的明、暗和动、静进行辨认。非老龄犬可以准确地识别出 50 m 以内的静物,对再远一些直至 800 m 左右的活动物体虽可看到,但是否熟悉还得靠听觉或嗅觉来判断,故有"犬认人,一靠听、二靠闻"之说。

(6)对刺激敏感　犬体表密生着的每一根被毛的根部都与分布在皮肤内的游离神经末梢相连,借着毛干的传导作用,犬能准确地判断出体表所受刺激的位置、性质并迅速做出反应。当犬的被毛上落有异物时,它会通过抖毛将异物除掉。在平静状态下,久卧的犬起来后,常先伸懒腰后抖毛,这是健康的表现。

(7)有简单的思维与联想能力　犬对周围环境有非常敏锐的观察力,并在与人类长期亲密接触的过程中能理解人类某些微妙的肢体语言,会利用简单却可靠的独特规则来看待问题,能设身处地地从其同类甚至人的角度来做出相对复杂的决定。在调教过程中,犬做对了某个动作后,主人若及时地给它一点食物作为奖励,它就会配合得更好。在此情况下,犬把食物与动作练习关联在一起,从而易于形成条件反射。然而,在采食时,犬见到食物却不会做出调教中的特定动作,表明它能把调教跟采食区分开。

三、宠物犬调教的基本方法与注意事项

犬的调教工作是一个异常复杂而庞大的技术工程,这是由犬种的多样性和同一品种不同个体犬的特殊性所决定的,在犬的调教方面有许多需要注意的大原则和小细节。

(一)调教的时机

(1)开始调教的最佳犬龄　在自然情况下,犬从断奶时起,就开始承受独立生活的压力,不得不学习适应环境和谋求生存的能力。此时最易于培养犬对人的依赖性和服从性,而且宜在平时与它玩耍的过程中随时进行调教,它就会在不知不觉中学会许多正确的行为。

4 月龄以后的犬,性格和习惯就基本形成并定型。因此,对犬进行日常行为基本动作的调教,以 2.5～4 月龄时为最佳;若不能保证在此期间完成调教工作,也要争取在这段时间内让其开始接受调教,这样才有利于在它大一点的时候接受更复杂的技能调教。

(2)每天最适宜的调教时间　通常在 10:00—18:00,且犬处于半饥饿状态或有明显的饥饿感时进行调教。在室外进行调教时,要考虑天气情况,夏天要避开中午的强日照、高气温时段。为了避免犬体内的生物钟对调教活动形成节律性定势,每天的具体调教时间不要求固定,这样有利于培养犬的反应能力。

在一天内,调教的总时间一般可控制在 1 h 左右,并要分为若干个阶段,每个阶段以 10～15 min 为宜。一次调教的时间过长,犬的注意力就不易集中,甚至会产生厌倦情绪。

在调教过程中，要根据犬的情绪和体力情况安排调教强度，必要时要适当休息。只要不是极度疲劳，最佳的休息方式是主人跟它一起做轻松的游戏，让调教带来的精神压力得以充分释放，这样有利于其调整情绪并激发起新的兴奋。

(3)日常调教的时机选择　首先，要在犬保持良好体况时进行调教。在此情况下犬的体力、情绪正常，易于做到注意力集中并能接受调教。在犬患病、刚结束长途旅行或刚受到剧烈惊吓后，不宜进行调教活动。否则，不仅会削弱犬的体质，更会引起犬注意力不集中、服从性差甚至抗拒调教的情况发生。

其次，要学会利用一切可以利用的时机随时对犬进行调教和训练。比如，在给犬喂食之前，就可很自然地进行"过来""站好""坐下""稍等""吃吧"等项目调教。在日常生活中此类机会很多，只要利用得好，肯定有助于提高犬的素质。这种不定时的调教，其实是对调教时机最科学的选择和利用。

最后，要避开雨、雪、大风、大雾天气进行调教，否则会影响犬的视觉、嗅觉等感觉功能；环境温度高于 28 ℃时犬会有极不舒适的感觉，更不适于进行调教。

(二)调教的基本手段

(1)诱导　在犬非条件反射的前提下，给予适当的诱导，可规范其行为或动作，甚至使其学会按一定规律组成的更复杂的动作。脱离非条件反射的生理基础就不可能建立条件反射。所以，诱导的使用条件是它具有该种本能，而人们可通过调教使这种本能正确地发挥出来。

(2)干预　当犬有某种本能而不能主动发挥出来时，根据调教的需要，可以适当地实行干预，强迫它做出相应的动作。

(3)奖励　当犬在调教中能按照人的诱导做出正确动作时，要及时给予物质奖励(少量食物)或精神奖励(轻拍其头部、背部，抚摸其耳朵，让其舔手，手托其下颌上下晃动等)。在对犬进行食物奖励之前，要先进行口头表扬，比如说"好""真乖"，然后再给它东西吃。但是，食物奖励的应用要适度，不可使其只针对食物建立条件反射，否则犬在不饿时会降低服从性，在没有食物时甚至会无视主人的命令。在进行精神奖励时，安抚动作要与赞美语保持同步。对犬进行的任何奖惩都要与相应的短语联系在一起，以便建立起条件反射而有利于进行调教。

(4)训诫　在调教的过程中，当犬正在做不规范的动作时要及时地予以禁止和纠正，这就需要根据具体情况使用控制、训斥或强制，甚至必要的适度惩罚，使其把注意力集中到做出正确的动作上来。若等到它犯错的过程已经结束了再去纠正就晚了，因为犬并无是非观念，不知道刚才是在犯错，而当犯错后处于正常状态时受惩罚会使其不知所措。要时刻记住，训诫只是为了纠正犬的错误动作或行为，而不可用被它咬坏的东西打它。对犬进行训诫时，不可呼叫犬的名字，以免它把呼唤它的名字与遭受惩罚联系起来而形成错误的条件反射，以后当它再听到呼叫它的名字时，就会误以为要受惩罚而搞得迷惑不解了。

四、幼犬的社会交往与运动

幼犬的社交训练期是在出生后 6～12 周。这是一个敏感时期，是与人互动、与其他宠物建立良好关系的最佳时期。此时，幼犬可从小伙伴身上学习一些基本的行为准则。早期培养犬的社交习惯很重要，这样才能让它们懂得在外面散步时遇到的其他犬可以交朋友，而不是敌对者。掌握基本口令，学习与同类动物相处的技能，参加训练课程。幼犬通过适应角色和模仿成年犬的举止，学会在以后的生活中如何避免被卷入冲突中。在玩耍中，幼犬学习做支配者或顺从者的行为方式。一起成长的同胞犬幼崽一生都保持亲密关系，在断奶之前它们之间的长幼排序关系已经形成，占支配地位的幼犬就从它们中间产生，有时也会发生冲突，但相互间已经形成的关系不会改变。当一只8～12周的幼犬离开小伙伴时，其群居的本能便会转移到人群中去。

运动是每只健康犬生活中重要的组成部分。每只犬运动时间的长短取决于犬的品种，但是所有的犬都需要运动。品种不同运动的方式也不同，例如，牧羊犬从早到晚都要放羊或者放牛，活动量非常大；猎犬在田野中跑来跑去，或者玩寻回游戏；而一些小型犬，如北京犬、巴哥犬、贵宾犬等则每天散步即可。运动的好处是可以减缓压力，发泄充沛的精力；运动可以拉近人与宠物之间的关系；犬喜欢参与到日常活动中，当表现好的时候可以得到主人的赞赏。对于幼犬而言，运动可以强身，可以增强信心，游戏、散步，甚至游泳都能增加它的力气和耐力。幼犬容易疲劳，要在它能接受的范围内运动。一天内几次短时间的活动好过一两次长时间的运动。根据幼犬的运动反应来掌握运动的时间与强度，如果幼犬出现长时间的喘气，甚至摔跤，则要停止活动，休息一下，因为幼犬不能掌握它的运动限度，要防止它受伤。因此，幼犬应以散步、游戏为主要运动项目。

五、成年犬与运动

成年犬精力旺盛，固定的散步、游泳和游戏可以让它保持心理和生理的健康。犬喜欢做它们的本职工作，寻回犬喜欢寻回游戏，指导犬钟爱引导，牧羊犬喜爱放牧，可以根据犬的运动来安排活动项目。

（一）运动时的要求

（1）让犬参加固定的活动，比如慢跑、追逐、衔取等。

（2）带犬过马路时，犬要系安全带，要注意安全，让犬养成走人行道的习惯。

（3）让犬在日常生活中充当帮手，比如取报纸、捡拾地上的玩具等，这会给犬一种成就感，以舒缓它们的压力。

（4）气温高的时候，出门在外要特别留意犬的状态。犬很容易中暑，如斗牛犬、巴哥犬、北京犬。在寒冷的天气中运动，冷空气会进入肺中，引起呼吸道炎症和感冒；太滑的路面会摔倒，损伤关节；长时间在室外会引起冻伤或者降低体温。有些犬却能够耐受寒冷的天气，如阿拉斯加雪橇犬、西伯利亚雪橇犬等。

（5）在为犬选择运动项目之前，为了确定合适的运动项目和运动极限，需要兽医给犬做一个彻底的检查。身小腿短的犬不能跟着自行车跑；短途的散步比较适合脸小的犬和玩具犬种，如英格兰斗牛犬和巴哥犬；关节或者心脏不好的犬不能做剧烈的运动。

（二）训练时的注意事项

（1）犬的运动方式很多，要因犬的类型不同来选择，不要过度劳累，以免伤及犬的健康。

（2）运动前后不要暴食暴饮。

(3)运动过后不能立即洗澡或冲凉。

(4)运动要每天坚持,不能间隔的时间太长,否则不仅失去了锻炼的意义,而且犬对你的命令会有所遗忘。

技能操作 〉〉〉

人们普遍认为,犬在小时候接受过训练,以后会更容易、更快地适应高难度训练。著名犬类行为学家约翰·保罗·斯科特的研究发现,犬在8个月之前就可以接受训练,而且它们学习得还很快。实际上,3～14个月是幼犬记忆力最强的阶段。行为学家还发现,这一阶段也是幼犬性格养成的理想时间。早期训练一般都是简单轻松的,但就是这些训练可以让它们终身受益。幼犬可以学习如何跟随主人行走,学习"不"的含义。现在,各地有很多的幼犬训练班,专门训练8～9个月大的幼犬,训练的结果非常理想。受过早期训练的犬,长大后一般比较自信,具备现代生活所要求具有的素质和表现,不容易受到伤害。此外,经过早期的训练,犬对陌生的声音、东西以及其他一些容易分神的事物有了较强的抵抗力,以后训练的时候注意力将更加集中。

一、服从性训练

操作目的　通过训练,与犬建立一种牢固的感情纽带,并让犬知道和你生活在一起需要遵守的规定,这是犬接受更进一步训练的基础。同时,犬在进行保健与美容护理时会更加配合,使医师的工作更加顺利。

准备材料　牵引绳,犬喜爱的玩具、零食,准备训练的犬。

操作步骤

1. 呼名训练

(1)取一个合适的名字　呼名训练是其他训练的前提,每一只犬都应该给它取个名字,便于对它呼叫。犬名是专一名字,不能与其他犬同名,名字不宜太长,且要简单,便于记忆,最好使用单音节或双音节词,容易呼叫,而且又好听,例如,保比、哈利、凯莉、亮亮、贝贝等,名字取好后,不要轻易更换。

(2)给犬取好名字后需要反复呼叫　让它意识到发出的某种声音是在叫它,直至犬对它的名字有明显的反应时,犬会表现出机灵地回过头来看你,并高兴地摇尾,等待你的命令或来到你的身边。

(3)呼名时语气要亲切和友善　有时训练应在与犬嬉戏的过程中进行,切勿命令或粗暴,应使犬听到叫自己的名字而高兴。

(4)进行适当的奖励　当犬听到呼名有反应时,应给予食物或玩具等奖赏,让它愉快地接受。

2. 坐的训练

(1)让犬注意你所发出的口令　选择较为安静的地方,先把食物摆在它的眼前,然后移到它的头顶,同时命令它"坐下"。

（2）引导犬坐下　发出“坐下”的命令时，不妨轻轻地拍拍它的屁股，使它的后腿弯曲，帮它摆出坐的姿势。

（3）奖励　如果犬已坐下，一定要记得表扬，并且用美食奖励一下。不管怎样，只要它能够坐下，就该受到表扬。

（4）反复训练　继续重复“坐”的动作。如果它想中途站起来，就再发一次命令，同时压住它的屁股，使其保持坐的姿势不变。有美食的奖励，它会很乐意重复这个动作。

（5）保持坐下不动　训练它保持这个姿势，开始的时候坐几秒钟，然后逐渐延长坐的时间。如果它试图站起来或要跟着你走，你要大声发出“坐下，不许动”的命令，同时举起手，手心对着它，再次重复“不许动”的命令。只要它开始明白这个命令的意思，你便可以增加后退的距离。一定要让它知道，不管你离得多远，它都必须遵守“坐”和“不许动”的命令。

3.趴下训练

方法一　先让犬坐下，你可以用右手拿着食物，左手握住拉绳（如果它不跑，则可以不用），把食物伸到它的鼻子下面，然后再慢慢地放到地上。当犬的脑袋随着食物向下伸去时，发出“趴下”的命令，同时用左手轻轻地把它的肩膀向下按。如果它有反抗的表现，立即停止按的动作，否则会激起犬更大的反抗。

方法二　你可以站到犬的左侧，然后把右手慢慢向下伸去，以吸引它的注意，同时用左手或者左胳膊把犬的前腿轻轻向前放平。如果你训练的是一只特别小的幼犬，不妨跪在地上靠近它来进行训练。犬的前腿向前伸平后，拿出食物放到它眼前的地上，并不停地晃动，不断重复“趴下”的命令，直到犬的整个身子趴在地上。如果它的动作达到了要求，一定要好好地表扬它一番，给它喂些食物。这样训练一段时间，直到它可以自己趴下。当犬表现出困惑的表情时，你一定要保持冷静，有耐心地训练下去。

4.脚侧随行训练

随行就是当你牵着它外出时，它会在你身旁紧紧跟随着你。尤其是在人多或者特殊情况下，你能很方便地控制它。你经常会发现有些人被自己的犬拽着狂跑，没有办法控制犬的行动，如果让犬学会脚侧随行，这种情况就不会再发生了。

（1）训练用具　带扣的项圈，通常用皮革、布料或者尼龙制成；牵引绳。

（2）训练方法　脚侧随行训练时，让它习惯走在你的左侧，而你要用右手握住从身前绕过来的拉绳，过长的部分缠在手上，左手通过控制拉绳来纠正犬的动作。

当它左右乱跑或者赖着不走时，用左手快速地拽一下拉绳，让它继续前进。如果它一直听话地跟在你身旁，那么要让拉绳保持放松的状态。

发现它有偏离正确方向的意图时，拽一下拉绳让它注意。不要一直紧紧拉着拉绳，必要时只要快速地轻拽拉绳即可。等它适应以后，再进行转弯和变速行走的训练。所有的犬都非常聪明，只要你训练得当，它们学习的速度会很快。

5.握手训练

（1）让犬熟悉口令“握手”　握手是训练犬见到主人或告别时的一种礼仪形式。手势是训练者伸出右手或伸出双手给犬。训练开始时，让犬与你面对面坐下，当你发出口令“握手”的同时，立即伸出一只手拿起犬右前脚。另一只手拿起它的左前脚。一边说“好”，一边抽出一只手抚摸犬的颈下或前胸，并给点食物奖励。

(2)反复训练　经过几次训练，犬就能学会，以后只要你发口令“握手”，犬就会伸出其中一只前脚给你。

6.定时定点大小便训练

幼犬约3周龄以后，已能走出窝外定点排便了。当幼犬出来排便时，常用鼻子嗅其周围，一旦嗅到它以前遗留下来的排泄物气味，立刻到同一地点排便。8～12周的幼犬除了晚上睡觉，通常隔几个小时就要排泄一次，因此每天睡觉前你必须带犬上厕所，早晨苏醒1 h内要排便，当吃完食物后1 h，甚至不到10 min也要排便。

有时主人整天都不在家，不能按时带它出去散步，而是整天把它关在狭小的宠物笼里，或者把它放在家中自由活动，这种情况下它会把粪尿沾在身上或随地大小便，给家庭生活带来影响。因此要选择适当的时间带它到固定的地点上厕所。久而久之，它就会养成固定地点大小便的习惯。调教定点大小便的方法很多，以下介绍2种常用的方法。

(1)箱式训练法　大多数的犬都不愿把自己吃住的地方弄脏，因为笼子或者宠物箱是它们的安乐窝。用于训练的笼子或者箱子不能太小也不能太大，有足够的空间能让犬在里面站立、睡觉或者自由伸展就可以了。

首先，让它在宠物箱里吃食，当它吃东西的时候把箱门关上锁紧，吃完后再把箱门打开。如果条件允许，把它领到户外你所选定的地方进行排泄，每次带它到同一个地方，这样它会认为此处是最佳的排泄地点。同时也免除了打扫卫生的麻烦。更要注意的是，不要放任幼犬在吃完东西后自由活动，因为幼犬在吃完东西或者喝完水后马上就会排泄。

其次，要注意观察你的幼犬，掌握它的排泄规律，在排泄之前，它通常会在地上不停地打转，用鼻子嗅来嗅去。如果你发现幼犬有想上厕所的迹象，赶紧把它抱出去，让它到外面你规定的地方排泄。另外，如果它能在正确的地方排泄，你一定要好好表扬一番，让它知道这是正确的行为。即使在幼犬刚抱回家的最初几天也不能对它降低要求，不能让它随心所欲。宽容的态度会使幼犬不正确的行为演变成习惯。当它养成定时定点大小便时，它会在要大小便的时候通知你。如早晨醒来之后，要做的第一件事就是带它出去排便，当幼犬会告诉你它要上厕所时，这说明你的训练取得了初步成功。

(2)训练在厕所内排便　家庭饲养犬，尤其是居住在高层楼房的家庭养犬碰到的一个实际问题，就是要保持室内清洁卫生，应训练犬也能自己到厕所排便。

训练方法是当发现犬有排便的预兆时(不安、转圈、嗅周围的环境、翘尾、下蹲等动作)，应及时牵引到厕所去，或发出口令“进厕”，同时做手势，指向厕所。可以带犬进厕所，也可用食物引诱犬进厕所，进去以后，要将犬的后腿跨在便池两侧，肛门对准便池内，即发出“便”的口令。当它便完后，奖给食物或赞扬一下，或抚摸一下。经过多次重复训练，犬就习惯自己到厕所内排便。每次到厕所排便后，应给予赞扬或食物奖励，使它明白到厕所排便是正确行为，会获得奖赏。如果它忘了到厕所去排便，而排在别的地方，应立即纠正，发出制止的口令，并带其进入厕所。如果发现犬便已出现一半时，也要立即带犬进厕所。每天如此坚持，犬就会明白它应该到厕所排大小便。在训练过程中，同时需要食物引诱与奖励。

7.习惯待在笼内训练

经常把犬独自留在家里，很容易让它产生抑郁的情绪。轻则会因为厌烦而不停吠叫，重则进行一些疯狂的破坏活动，比如大叫或毁坏家具，有些犬甚至会在家里随地大小便。这些极端的行为通常是因为过度焦虑引起的，用一个宠物笼就可以解决。

①先把犬放进宠物笼，然后把笼子放到你的房间，像往常一样，轻松地和它聊两句，打消它的疑虑和不安。开始的时候先离开几分钟，等它适应以后再逐渐延长离开的时间。每次回来之后，表扬它一番或奖赏它一点吃的东西，注意不要表现得过于激动。当你离开的时候留给它一些带有你的气味的东西，这些东西可以给它安慰，或者给它一个鸡骨头，这样它就会把注意力集中在美味上而不在意你的离开。经过一段时间的练习，即便不能完全消除它的烦躁和抱怨，至少可以极大地降低这些不满情绪。

②把犬放进宠物笼中，如果犬能乖乖地趴下或者静静地坐着，你才能把它从笼子里放出来。有些犬只要看到你就非常听话，但是，只要你一转身离开，它便开始激烈地“抗议”。这样的话，你可以试着在屋里多进出几次，并逐渐延长出去的时间。当它开始大叫的时候立即回来，拍拍笼子，命令它安静下来。对有些较顽固的犬则需要采取强硬的措施，使用喷水枪，当犬又因为你的离开而大叫的时候，用喷水枪“狠狠”喷它，这个方法即使对最顽固的犬也十分有效。

③放犬进宠物笼之前最好给它喂点东西，你可以把犬粮扔进宠物笼，然后让它自己走进去。当它进去后，要表扬它一下，可以额外再喂点它喜欢的零食作为奖励。不要一听到它在笼子里的叫声就心软而把它放出来，以后一旦它不满现状，就会大声地叫，用叫声来发泄它的不满，以获得你的同情。你要让它明白必须学着适应笼子里的生活，并且不能乱叫。久而久之，犬会适应笼内的生活。

8. 阻止攻击行为训练

犬表现出攻击性的原因：一是为了争夺统治权；二是为了自我保护；三是为了争得主人的宠爱。有些犬的保护欲特别强，可能不经意间就犯下错误，这些犬认为自己必须保护自己的地盘并建立自己的界限。即使是专门训练来保护家庭和财产安全的犬也要清楚地知道它的界限。一只不到 6 个月大的幼犬如果总是粗暴地啃咬东西，这很明显地表明它天生脾气不太好。如果一只天性很好的幼犬长大后时不时地表现出攻击性，原因很可能是缺乏适当的训练。只有适当的训练以及给它划定明确的界限，才能避免这种情况的发生。

①明确地让犬知道自己的界限(行为和领地)，在它表现出攻击行为时，要及时给予制止。不要给它自己做决定的机会，界限的大小完全是由主人决定的。

②要试着从犬的口中取下食物，而犬不会出现攻击，你可以用平时它最喜欢的零食去换出它口中的食物，如果它要攻击你，则要严厉地训斥它。经常采用这种方法换取它口中的食物，让犬对于拿走它的食物习以为常，等到你不用零食换取口中食物的时候，它也不会去攻击你。

③出门前一定要为你的犬带上牵引绳，以便于控制它的突发行为。在犬出现不友好的行为(对人或动物)时，都要及时地制止。

9. 防止过度焦虑训练

过度焦虑是一个比较严重的问题，是由于害怕被独自留在家里而造成的。这种焦虑会促使犬做出一些过激的行为，但它并不是出于恶意，而是由于恐惧。因此要采用一定的方法，防止其过度焦虑。

①再养只犬或者猫，通常可以很快解决过度焦虑的问题。有些犬则对某些事物很感兴趣，

比如对音乐，你可以在出去的时候给它开着收音机，它就会安静地待在家里。

②如果一只犬有可能因为孤独而进行破坏活动，那么当你不在家的时候，最好不要让它自由活动，可以将其关在笼内或固定其活动的区域。

③有的主人每次出门和回来的时候总是搞得很“隆重”，出门前对宠物又亲又抱，回来时的“相逢”弄得像戏剧高潮似的那么感人。这样的行为会让犬十分不安，从你踏出家门的那一刻它们就会开始期待“相逢”，并大声地叫嚷。所以出门和回来的时候都尽量不要引起犬的注意，离开时可以扔给它一些玩具或吃的东西以分散其注意力，它就不会注意到你的离开。

10.防止啃咬东西训练

所有的犬都会咬东西，有的犬是为了缓解焦虑和压力。整天关在家里缺乏运动的犬会咬东西发泄过剩的精力，啃咬桌腿、鞋、地毯、衣物等，甚至是能触及的任何东西。幼犬用嘴来认识这个世界，判断眼前的东西是什么，味道如何，用什么做成的。咬东西还能让幼犬尽快长出新牙。

训练的方法是把犬安全地关在笼子里或者限制在一个特定的地方，给犬找点事情做，如啃犬咬胶或犬玩具等，不要让犬闲着。或者出门办事的时候带上它，这都会让犬非常高兴。

11.防止往身上扑训练

虽然主人非常喜欢犬，并不介意它们往身上扑，而且有时还以此为乐，但是这种行为在某些时候是不合适的。对有些害怕犬的人来说，会被犬突如其来的行为惊吓到。因此，要训练犬不能随便往人身上扑。

训练的方法是当犬扑过来想给你一个热情的拥抱时，一定要推开它，并且给它一个“下去”的命令。如果它听从了你的命令，马上表扬它一番。注意保持命令的一致性，不要这次说“下去”，而下次就换成了“走开”。

这个训练需要全体家庭成员的配合。因为犬分不清谁介意谁不介意，只要有一个人允许了这种行为，它就会对其他人也这样。另外，当它向别人身上扑的时候也要及时制止，要让犬知道，往人身上扑是错误的行为，是不允许的。

二、犬的运动保健

操作目的　犬需要有氧运动来增强耐力，保持机体健康、灵活、敏捷。多数的犬喜欢玩耍，如追逐、衔球、衔木棍，在喜欢的人身边打转，这些活动可以是娱乐，也可以是竞技性运动。在训练的过程中要及时观察犬在运动中的表现，防止其在运动的过程中受伤，如肌肉拉伤、韧带撕裂、牙齿断裂和骨折等。

操作材料　训练的项目不同，所需要的材料不同，在各运动项目中介绍。

运动项目及方法

(1)游泳　犬具游泳的本领，但有的犬不习惯下水游泳，必须专门训练。训练时，将犬带到水边，用犬最感兴趣的物品逗犬兴奋；然后将物品抛向水面。同时发出“游”的口令，让犬去衔回来。如果犬怕下水，可一面抚摸它，鼓励它，一面把它抱到浅水中，让它感觉到水的魅力所在。如果犬可以走进水中，则要用美食或玩具奖励它。如此反复训练，犬即会习惯游泳。

(2)接飞碟　可以锻炼犬的判断力和跳跃能力。在学会衔取后,可以教犬在空中接你抛出去的飞碟,其训练方法与衔取相似。首先让犬时刻注意你手中的物体,你把飞碟抛起再接住,来吸引它的注意力,让犬对抛在空中的物体产生兴趣。当犬对飞碟产生兴奋时,把飞碟抛向空中,并喊"接",犬会毫不犹豫地冲出去接,不论接到与否,都要对犬进行奖励,使犬意识到这是一项很愉快的游戏,且很自信。时间长了,犬即学会接住飞碟,并以此为傲。

(3)灵活性比赛　对犬类来说,灵活性比赛基本上是障碍赛。这项运动在全国宠物犬秀和犬展上风靡一时。犬要跃过多种障碍,比如隧道、狭小通道、秋千和许多其他障碍。这就需要训练者与犬的配合,因为训练者扮演着引导员的角色。对运动犬、猎犬、工作犬、牧羊犬较适用,这些犬喜欢运动,并可以通过运动消耗多余的体力,同时可以使犬更好地服从于训练者。

课后思考〉〉〉

1. 幼犬适合于什么样的运动?运动时的注意事项有哪些?
2. 带犬出门有哪些注意事项?
3. 如何纠正犬的焦虑症和破坏行为?
4. 训练犬游泳时有哪些注意事项?
5. 在犬运动过程中如何防止犬受伤?如何保健?

知识拓展〉〉〉

一、骨折

在各种外力的作用下,骨的完整性或连续性遭到破坏,称为骨折。骨折常伴发周围软组织的损伤,出现异常活动、假关节、肿胀和技能障碍。根据骨折处骨片的数目,分为粉碎性骨折和非粉碎性骨折;根据皮肤(和黏膜)是否完整分为开放性骨折和非开放性骨折;根据骨折线的断裂方向,可分为横骨折、纵骨折、螺旋状骨折和嵌入性骨折等。

(1)识病要点　①骨折处变性,骨折引起骨移位和周围软组织损伤而形成血肿,触之疼痛,与对称体位相对照,易发现病患部位。②异常活动,尤其在四肢长骨,形成假关节,当运动时易发现骨折处。③骨摩擦音,骨折断端摩擦(尤其运动时),可听到骨断端的摩擦音。X光片或透视可以确诊(图1-13)。

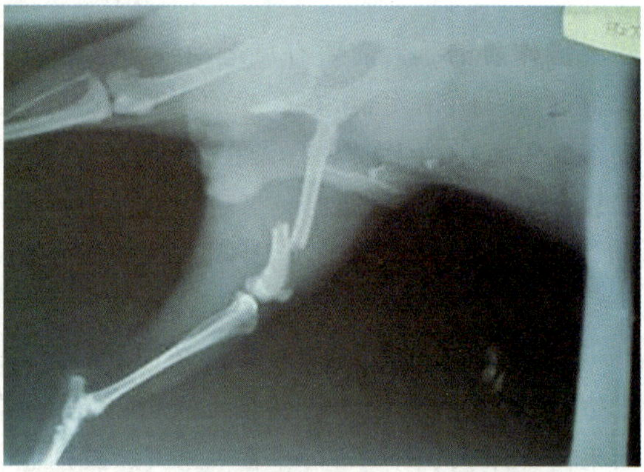

图1-13　骨折X光片检查(股骨远端横骨折)

(2)发病原因　①外力性的,可因打击、冲撞等机械性外力引发。从高处摔下(沙发、操作台等)发生腰椎或腿骨骨折的,以吃肝、肉为主的犬猫因缺钙而更易发生。②病理性的，骨折发生前因骨髓炎、骨疽或骨周围组织感染，引起骨组织发炎的，易发生骨折。

（3）防治方法　预防骨折应防止外界暴力的发生，防止佝偻病的出现。骨折发生后，以外固定和内固定技术为主，同时注意适当控制运动和增加营养。外固定术可采用夹板绷带，石膏绷带或金属支架等。内固定根据部位和骨折情况，可采用骨针、骨板固螺钉、钢丝或骨支架固定技术。

二、皮肤外伤或脓肿

皮肤外伤和咬伤后，引起感染发生脓肿，猫比犬多见。往往是动物之间打斗时咬伤引起。

（1）识病要点　本病呈局灶性皮肤感染，破溃后有浓汁等液体流出，还可能恶臭等。如果脓肿很大，动物可表现体温升高，精神沉郁等症状，破溃后有恶臭气味。发病部位往往是在颈部，但也可能在其他部位。

（2）发病原因　动物皮肤受伤（多半是咬伤）后，没有发现，也没有及时处理，细菌感染引起。

（3）防治方法　外出犬猫回家后，注意检查有无外伤情况，发现皮肤破损，应进行及时处理。发现化脓后，必须进行排脓、清洗、消毒、抗生素注射等治疗。

知识链接 〉〉〉

1. http://www.11467.com/chengdu/co/123979.htm（四川省犬业协会训犬俱乐部）。

2. http://www.csvclub.org/servlet/Folder? node=63312&language=1（CSV 德国牧羊犬俱乐部）。

任务四　犬的基础保健

学习目标

1. 学会使用合适的工具刮刷和梳理皮毛。
2. 学会犬眼、耳、趾甲、口腔等部位的清洁与保健。
3. 掌握犬被毛清洗的方法与要点。

学习内容

一般来说，犬的护理保健工作是指对犬体的外在部位进行日常清理和梳洗，其目的主要是对宠物犬的被毛进行最基本的养护使之健康美观。宠物美容师通过洗浴等对犬被毛进行全面护理，以及给某些品种的长毛犬扎头结、包毛等，使之更美观。清理犬的耳道以及清洁眼睛、挤除肛门囊内容物、修趾甲等，往往也需美容师来做。清洁口腔等专业性强，技术要求高，往往需要外科兽医师来完成。

一、宠物犬护理保健的生物学基础

对犬进行护理不像无生命的物体那样随意地进行改造和雕塑，而是针对有生命的动物进行必要的维护和修饰，所有的操作都要基于犬和人的不同需求，也就是说，这些操作既要能满足人的精神需要，也必须满足犬的机体需要及其承受能力。由此可知，宠物犬被毛、眼、耳、趾甲及肛门囊等部位的护理和美容工作是以犬的生理条件为基础的，任何脱离这一前提的操作都是不可行的。因此，在进行这些操作之前以及在实施的过程中，要对犬体的有关构造及其生理活动规律进行必要而充分地了解。

（一）犬的被毛系统

犬的被毛系统由皮肤和被毛组成。皮肤既是犬体的外部屏障，也是被毛的载体和生长基础。被毛是指生长在皮肤上的毛纤维，通常简称为毛，它们是皮肤的衍生物，也是构成犬体形美的重要物质因素。

生长在犬体表不同部位的毛，在密度、长度、强度、伸长度、光滑度、弹性、粗与细、弯与直、软与硬、生理作用以及美学效果等方面都存在着差异。要想使犬拥有一身漂亮的被毛，就必须对它进行正确的饲养管理并对其皮肤和被毛进行科学、仔细的护理。为此，需要了解一些与被皮系统有关的基本知识。

1.皮肤的构造

犬的皮肤自外向内分别由表皮、真皮和皮下组织构成。被毛是从表皮内的生发层中生长出来的。

(1)表皮　很薄,一般来说,绒毛越发达,表皮也越薄。

表皮的最外层是由角质化细胞构成的角质层,角质化细胞常集合成皮屑,极易脱落。该层对皮肤有保护作用。

角质层下为生发层。生发层细胞的增生功能非常旺盛,皮肤的更新和被毛的生成都与此层有关。有些生发层细胞内含有许多色素颗粒,使得该区域内的皮肤呈现出相应的颜色,而无色素颗粒处的皮肤则表现为白色。

在生发层中,有些细胞斜向真皮内伸入,末端膨大形成毛囊,其中含有萌发后可形成毛纤维的毛球(球茎)。

在犬体上,露在皮外的单根毛纤维称为毛干,隐藏在皮下的部分叫作毛根。毛干是死亡的组织,不会再生;毛根是活组织,它的延伸使毛干得以不断变长。

(2)真皮　位于表皮下面,是皮肤中最致密、最厚的组织层,其中含有丰富的血管、神经、竖毛肌以及皮脂腺,足底、鼻端等部位的真皮层内还有汗腺分布,因而真皮既承担着保护犬体的重要任务,又具有支持和营养毛囊的作用。

真皮内的皮脂腺通过微管开口于皮肤表面,分泌皮脂用于滋润皮肤和毛干,使皮肤保持柔韧性而增强抵抗力,使毛纤维具有光泽。汗腺(主要分布于足垫和鼻端)也向外开口,分泌的汗液既能带走体内多余的一部分热,还含有某种带有特殊气味的化学物质,用以对走过的路或嗅闻过的物体进行标记,以便日后对之进行识别。犬在恐惧、紧张时,竖毛肌收缩,使毛纤维直立起来。

(3)皮下组织　跟毛的发生无直接关系,但其中的脂肪沉积程度对犬的体形和健康状况有重要影响。

此外,在犬四足的趾尖端还有趾甲。跟毛纤维一样,趾甲也是皮肤的衍生物,露在外面的角质部也是死组织,深层的髓质部内有血管。趾甲长得过长时,应及时将其尖部剪去,否则会在活动中劈裂给犬造成痛苦甚至感染,也可能在与人类或其他犬发生接触时给对方造成损伤。

2.犬毛纤维的构造

一根结构完整的毛纤维,在毛干上同心排列着3层组织,由外向内分别为鳞片层、皮质层和髓质层。

(1)鳞片层　由许多无色、薄而透明的扁平角质细胞(即鳞片)围着毛干排列成单层而构成,主要起保护皮质层的作用。不同犬种毛纤维鳞片的形状和排列方式也不相同,形状有菱形和多边形,排列方式有的呈环形,有的如覆瓦形等。

鳞片层与毛纤维的光泽、弹性和成毡性等有着密切的关系。成毡也叫缠结,是指在缺乏梳理的情况下许多纤维因污垢黏结或受挤压而杂乱地彼此交织在一起,形成难以分离的毛团。毛纤维越细、鳞片越多,就越容易发生缠结。犬在生活期间要勤于梳理,以免发生被毛缠结。

鳞片层不透水,对酸有一定的抵抗力,但不耐碱腐蚀。因此,在给犬进行洗浴时,务必要选择酸性(pH$<$7)的洗毛液,确保能安全地达到去污、护毛的目的。如果选用了不合适的洗毛

液，就会损伤鳞片层继而危害其下的皮质层。

（2）皮质层　位于鳞片层之下，由完全角质化的细胞构成。皮质层内所含的色素颗粒决定着毛的色泽。利用某些特殊的生物染料对犬的被毛进行处理，使染料分子进入毛纤维的皮质层内，从而可以人为地改变毛的颜色。

（3）髓质层　存在于毛纤维的中央，构成其中轴。毛干中带有髓质层的毛纤维称为有髓毛。有髓毛的弹性较大，不易成毡，阻止热传导的作用很强，但质地脆弱，强度和伸长度差。

毛干中缺乏髓质层的毛纤维称为无髓毛，同一个体上的细毛和幼犬的毛都是无髓毛。无髓毛所占比例高的被毛成毡性强。

毛纤维具有一定的延展性，发育成熟前的被毛在拉直的情况下，其长度可达原长的 1.5 倍。然而，脱毛期的被毛会随着毛囊收缩、功能改变而变得比较脆弱、易断。此外，在给犬进行被毛护理时，若使用了不合适的润滑剂或者进行干燥处理时方法不当，均会引起被毛变色、硬化和断裂。

3. 犬毛纤维的种类

根据毛的形态、构造和在犬体上的生理作用，毛纤维可分为以下几类。

（1）定向毛　在宠物美容界称其为主毛，毛干直而粗且较长，它控制着周围其他毛纤维即副毛的伸展方向，因而犬的被毛是成束存在的。

（2）刚毛　也称针毛、刺毛，毛纤维粗、直且长。刚毛的发育质量直接影响被毛的美观程度和耐磨性。发育良好的刚毛，髓质层发达、弹性强，有传导外部刺激的作用；当犬的被毛中有绒毛存在时，绒毛就隐于刚毛丛中，在此情况下，刚毛可防止绒毛濡湿、成毡和磨损，起着保护绒毛的作用。

（3）绒毛　较细，无髓质层。绒毛从基部至毛尖的粗细基本相同，通常带有不同程度的弯曲甚至形成“卷毛”，从而在毛丛中产生许多空气不易流通的腔隙而形成隔热层。

（4）触毛　一般分布于犬的唇部和前胸部，毛纤维粗、长、硬，基部周围分布有许多神经末梢，为犬的感觉器官之一。剪去犬的触毛后，它的定位能力就会下降，致使有些原本善于捕鼠的犬会变得很难捕捉到老鼠。

4. 犬被毛的组成类型

除了头部和触毛之外，根据躯体表面毛纤维的组成情况，犬的被毛可分为 3 种类型。

（1）双层毛型　即两种毛型，有刚毛和绒毛，如北京狮子犬、博美犬、比熊犬和贵宾犬等。

（2）单层毛型　无绒毛层，如马尔济斯犬、巴比伦犬以及约克夏、猎狐犬、迷你雪纳瑞犬等刚毛犬类。

（3）裸毛型　躯体部位无被毛覆盖，只在头部或四肢长有不太多的毛。此型犬种很少，著名的有中国冠毛犬、秘鲁无毛犬。

5. 犬毛的生长与分布特点

给犬梳理被毛时，要考虑基于毛生长与分布情况所形成的毛流因素，才能把毛梳理得平顺、美观。毛干是从皮肤中斜向生长出来的，毛纤维的伸展方向由毛囊的角度决定，因此在身体的不同部位，毛的生长方向有差异，如㹴类犬的毛囊纵轴与皮肤的夹角约为 20°，致使毛干的一侧与皮肤外表面构成钝角。在某一区域内，向一定方向有规律排列的许多根毛，就形成了不同的毛流。如毛的尖端向一点集合，称为点状集合性毛流；尖端从一点向四周放射排列的，称为旋毛；尖端分别从两侧聚拢而集中成一条线，称线状集合性毛流；而毛尖沿着一条线向两侧分散的，则称为线状分散性毛流。毛流的方向一般来说与外界的气流和落在体表上的水的流动方向相适应，但在特殊部位可形成方向特殊的毛流。

毛囊数由基因决定，因而毛的密度是犬种的特征之一。在胎儿毛囊形成时，需要给母犬加强营养，饲料中要含有足够的含硫氨基酸、脂肪、维生素以及铁、锌、钙等长毛所需的营养成分。特别是妊娠后 4 周左右的营养状况对胎儿毛囊生成量的影响很大，营养良好的犬，毛的生成率比较高，而在母犬营养不良的情况下幼犬的毛囊会发育不全，被毛也会柔软无力。

被毛的生长速度与皮肤血液循环状况有关。在温暖的季节里，血液循环通畅而旺盛，毛发的生长速度会加快。另外，日光中的紫外线等也会对犬体产生刺激而促进新毛生成。

6. 犬的被毛脱换

在一定的条件下，犬脱去旧毛，长出新毛的现象称为被毛脱换。犬的被毛脱换有正常脱换、胎毛脱换和补充脱换等 3 种类型。

(1)正常脱换　成年犬的被毛在全年内零星地发生脱换，但有的犬种旧毛的脱落在春季比较集中而明显，一部分毛纤维边脱边换，随即长出新毛，但也有一部分旧毛脱落后，其球茎处于静止状态，新的毛纤维并不及时长出，致使新毛比原有的冬毛要稀少些，这样有利于散热。

(2)胎毛脱换　胎毛是仔犬带有的柔软被毛，它们在出生后 3 个月左右慢慢脱换成成年犬那样的毛发即被毛，新被毛的性质跟成年犬的基本相同，但有色毛的颜色要比成年犬的深一些。犬的胎毛脱换一般不受季节的影响。

(3)补充脱换　犬的皮肤受到损伤而引起该处的被毛脱落，然后又长出新毛的现象叫作被毛的补充脱换。补充脱换的新毛毛干较粗，颜色与周围原有的被毛也会有差异。

7. 皮垢的产生

犬表皮的角质化细胞不断脱落，与皮脂腺的分泌物以及来自外部环境中的尘埃等异物混合到一起，就构成鳞片样或油膏状的皮垢。皮垢在微生物的作用下，会发生分解，从而释放出难闻的气味。它们不仅会给犬造成不适，也会降低皮肤的抵抗力而诱发皮肤病，还会污染空气，破坏环境质量。

8. 被毛护理的必要性

犬躯体和四肢的被毛过长、过脏，不仅会引起缠结而不美观，而且会诱发皮肤病以及不利于散热等，从而对犬的健康产生不利的影响。足底的毛长得过长会妨碍犬的活动，也会因汗液的作用而产生臭气。因此，犬的被毛护理就成为一项重要的管理和保健内容，相关的美容技术就是实行被毛护理的具体手段。

(二)犬的视觉器官

犬的视觉器官除眼球以外，还有眼睑、泪腺、睫毛等辅助器官。

犬有 3 个眼睑，分别是上眼睑(上眼皮)、下眼睑(下眼皮)、第三眼睑(也称瞬膜)。第三眼睑位于内眼角，由结膜折转而成，平时隐藏于下眼睑的后方(图 1-14)，发炎或患瞬膜腺体瘤时会露出来。

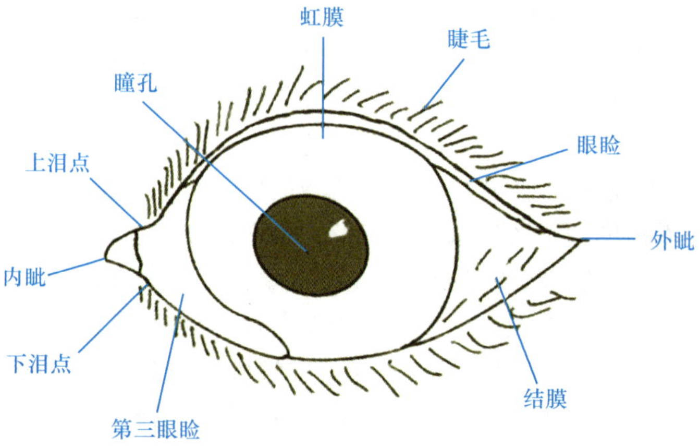

图 1-14　犬眼睛的主要构造(正面图)

在正常的情况下,犬的泪腺经常排出少量的液体,以保持眼球湿润并将进入眼眶内的异物冲洗掉,这是一种自洁性保护功能。然而,在犬身体不适而自洁能力下降,或眼睛长期受到不良刺激的情况下,眼的分泌物会增多,甚至干涸后黏附在眼球下方的被毛上而影响美观。这时就需要对犬的眼睛进行保养与护理。

睫毛对眼睛有着重要的保护作用。沙眼等引起眼结膜萎缩可导致睫毛接触眼球而发生倒睫,但也有其他原因引起的少量睫毛发生倒睫。倒睫以及睑缘炎、眼睑痉挛会引起睑缘向内翻卷而发生睑内翻的眼病。

如果眼睑离开眼球的前面,甚至向外翻转而使眼结膜暴露于外,则称为睑外翻。轻度的睑外翻仅产生溢泪症,即经常显得泪汪汪的,严重时则因上、下眼睑长期闭合不全而产生角膜炎。睑外翻的原因常见于咬伤形成的睑部瘢痕,也见于犬受贼风侵袭而致的面神经麻痹或某些老龄犬的面部皮肤松弛。

(三)犬的外耳

人们平时所说的耳朵实际上指的就是外耳,包括耳廓和外耳道。犬的外耳道呈“L”形,即靠外的一段是直的,深部的一段方向有所改变。耳道内除了长有耳毛外,也集聚有分泌物、脱落的上皮组织碎屑以及微生物等,它们聚集得多时,就会散发出异味,甚至影响犬的听力。因此,有必要定期对犬的外耳道进行清洁处理。

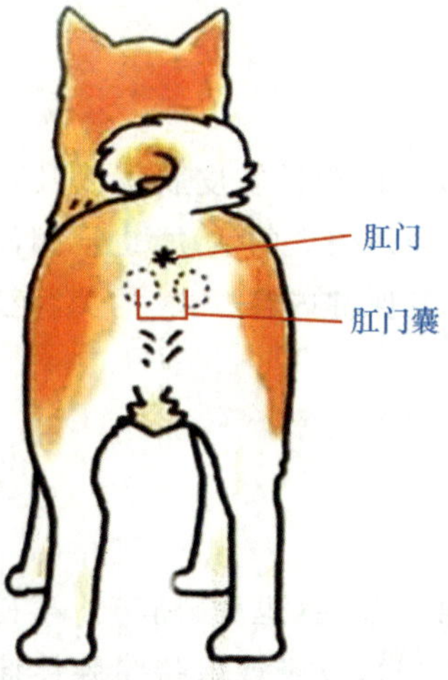

图 1-15　犬的肛门囊

(四)犬的肛门囊

犬的肛门内侧有 1 对直径约 1 cm 的肛门囊,其位置偏向肛门的下缘,分别相当于钟表盘上 4 时和 8 时处(图 1-15),该囊内积留有肛腺的分泌物。肛腺分泌物呈油状或透明的水样,带有异味,积留得多时就随粪便排出。若其排出的管道发生堵塞,会诱发局部红肿发炎,给犬造成痛苦。因此,在给犬洗澡时,要挤除其肛门囊内积留的肛腺分泌物。

二、犬护理保健前的准备工作

在开始护理之前，要训练犬站立在美容台上，并使其适应这种站姿。如果犬不能配合将非常难以进行后续的操作，既费时又费力，人和犬都会很疲惫。因此一个半月龄犬即可开始一些护理内容和方法的训练。

①令犬站立在桌子上，用固定绳将其拴住，并逐日适当延长其站立时间。然后可令其睡在桌子上，以后每天逐渐延长时间，如此持续一个月，要让幼犬习惯在桌子上站立和睡觉。为了消除其恐惧心理，要经常给犬梳毛、抚摸，慢慢地使犬进入状态。

②3 月龄以上的幼犬，训练它不要从桌子上跳下来，防止其摔伤或逃走，为犬的后期护理打下良好基础。

③在护理的过程中要制止犬狂吠，使其尽量保持安静。在犬长大到一定程度时，可以手示意其配合，护理过程中使其不要乱动。犬习惯以后，仍会在受到惊吓时突然跳下，此时最重要的是对犬要有耐心，应慢慢使其安静下来。

④让犬适应而乐于被护理。开始护理时，美容师要缓慢地接近犬只，让犬有安全感，放心地把身体交给你。各种犬具有各自的特点，要顺其性情。护理时要有极强的耐心，在操作中灵活运用手法，逐渐培养和犬的感情，最重要的是建立起双方相互的信赖关系。

⑤学会正确抱犬的姿势。最常见的是握住犬的两只前腿，向上抬举。前肢的骨骼组织特殊，注意手要适当用力防止犬突然跳起等。一次不能抱两只犬。有多动症的犬要先使其安静后再进行护理，有恐惧心理和警戒心的犬，要边呼唤它的名字边靠近，将手背缓缓伸向它视线下方让它嗅。等到犬对你无警戒心时，再用手抚摸它，使其安定。美容师会接触各种各样的犬，必须要先观察其神态再行动，防止被犬咬伤。

技能操作 〉〉〉

一、犬的被毛梳理

操作目的　在犬洗澡之前，被毛梳理尤为重要。对于短毛犬，浴前梳刷也会帮助梳掉死毛，去除死皮，均匀分布油脂，刺激皮肤，使洗澡后的效果更佳。对于长毛犬，浴前不梳理，水会使毛团缠成死结，被毛会因此吹不干或梳理不开。必要时使用喷雾剂或调理剂保持皮毛略微湿滑，以防止静电更易梳顺。定期梳刷能及时发现寄生虫，以便采取措施防治，切忌用手除掉扁虱，防止其爆裂后将携带的细菌或卵传染给人，可使用特别设计的棉纸、橡胶手套或专门的工具去除更加安全。

操作工具　根据皮毛的不同类型准备专用梳理工具：橡胶马梳、细目梳、中目梳、粗目梳、毛团梳、开结梳、耙梳、针梳、梳毛手套。

操作步骤　从上至下梳理，遇到毛团或缠结时，手攥住毛的根部，使用耙梳或针梳清理，不要拉拽皮肤，避免弄痛犬。从尾根至尾尖，上下左右梳理。肛门区域需要更加细心、轻柔，避免触及敏感的皮肤，用钝尖剪刀剪掉长毛中的缠结和粪便，确保臀部干净。缠结的毛团用针梳和开结刀轻轻梳开，如果无法解开也可用电剪直接剃光。

二、趾甲的修剪

操作目的　犬保持合适长度的趾甲，有利于运动，防止将人抓伤或破坏物品，同时也可保持美观。

修剪工具　趾甲刀；趾甲锉或磨甲工具；止血铅笔、止血粉、硝酸银棒或其他凝血剂；婴儿油；小块奖品（零食）。

修剪步骤

①让犬选择一个合适的坐姿或卧姿，右手持趾甲刀，左手轻轻抬起犬的脚掌，并固定犬的脚趾，先垂直剪掉趾尖到嫩肉之间的趾甲，再剪去趾甲的上下棱角（图 1-16）。

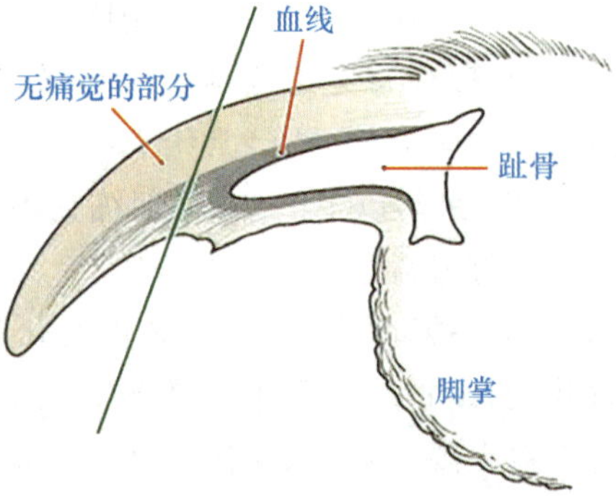

图 1-16　犬的趾甲修线

②剪过的趾甲仍表面粗糙，为防止刷伤人或衣物，使用趾甲锉或打磨工具，将粗糙的趾甲打磨平滑。

注意事项

①为了防止剪得过多而出血，可以多剪几次，每次少剪一点，直到满意为止。

②如果剪出血也不要慌张，可涂擦止血粉，用脱脂棉或手指轻压一会儿便可止血。

③为了消除犬紧张情绪，可以安慰一下，或给它一点零食，等犬情绪放松了再剪。

④限时使用电动锉刀，同时要训练犬消除对电动锉刀的恐惧心理。

三、眼睛的卫生保健

操作目的　犬的眼睛因品种不同而各有差异，有深陷型、眯缝型、杏仁型、圆球型、微突型等，同样保健方式也各不相同。短头或扁面大眼睛突出的犬，如北京犬、斗牛犬，缺乏口鼻的保护，突出的眼睛很容易干涩和受伤，与眼睛深陷的小犬不同，需要更多的呵护；白色皮毛的小犬更容易泪痕斑斑，如贵宾犬、比熊犬；有些犬的眼睑向里翻转，导致睫毛刺激角膜，引起流泪或影响视力，如沙皮犬、松狮犬；眼睑外翻的症状则恰恰相反，下眼皮向外翻，容易沾染灰尘，寻血猎犬易患这种眼病。泪水汪汪的小犬眼部要保持清洁干燥；眼睛容易干涩的小犬需要每天滴润眼露。

清洁工具　润眼露或洗眼水、泪痕去除液、棉球等。

保健方法

①坚持每天查看犬的眼睛，很多小犬眼角常会积聚分泌物。坚持每天用湿布擦洗面部，并用湿棉球把眼角清洗干净，切忌用干棉球擦拭眼睛，以免刮伤眼角膜。如果眼睛分泌异物，则要用温盐水洗涤眼睛。

②很多眼睛突出的小犬(图 1-17),如北京犬、吉娃娃等,每天需要滴几滴润眼露保持眼部湿润舒适。每次为犬美容时,用犬用洗眼水或滴眼露为小犬冲洗眼睛。每只眼睛滴一滴,然后用软布或棉球擦掉眼角的异物。方法是先在掌中将滴眼液的小瓶温热,一只手紧紧地把住犬的下巴,另一只手的食指和拇指夹住滴眼液的瓶子,举起并向下倾斜,另三个手指则放在犬的头顶上,然后慢慢地将眼液滴入眼睛。如果是涂软膏,则将它挤在干净的指头上,然后小心且轻轻地沿着眼睑的内侧涂抹。

③有的犬即便天天擦洗干净,也常常有眼泪,造成白色的小犬在眼睛下面有明显的褐色条纹状泪痕(图 1-18),因此要勤于清理,根据不同产品的说明,在泪痕处涂上除泪痕液。

图 1-17　突出型眼睛(吉娃娃)

图 1-18　条纹状泪痕

④如果犬的眼睛受伤或疼痛,不要让它受到强光直射和热量的辐射、抓咬和风吹,以及游泳。伊丽莎白项圈(图 1-19)可以用来防止它抓眼睛。

⑤如果发现犬的眼睛异常发红(图 1-20)、四周肿胀或有异物,应及时去看宠物医生。小犬眼部疾病众多,同样还要检查眼睛是否清透。每年定期的健康检查对眼部健康至关重要,这样能及时发现眼病,并尽快治愈眼疾。

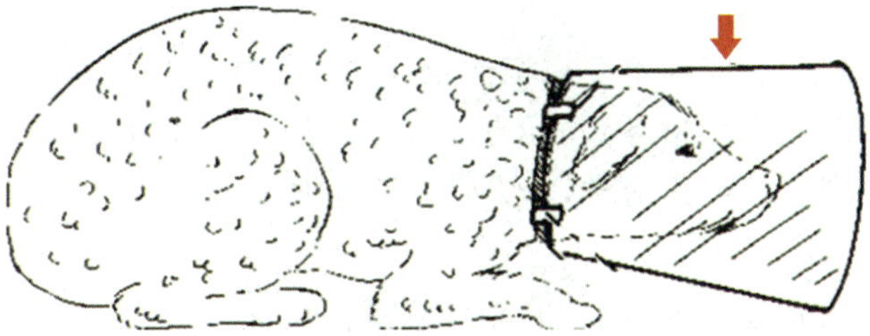

图 1-19　伊丽莎白项圈

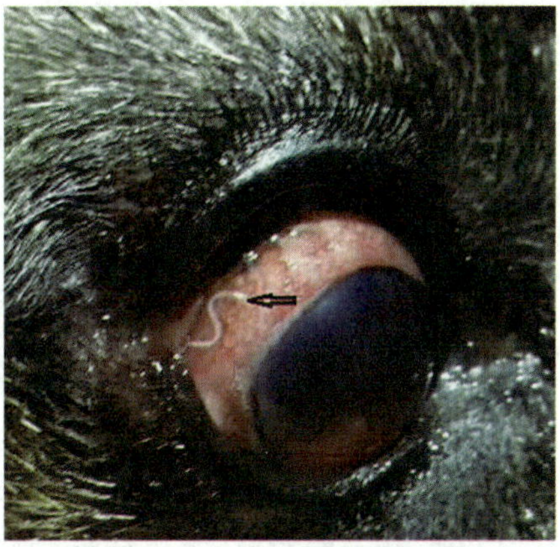

图 1-20　犬眼发红(眼线虫)

四、耳朵的卫生保健

操作目的 无论犬的耳朵是大、小、立、垂、短，都需要悉心呵护。如果耳垢堆积不清理、耳毛不拔除和潮湿不擦干，都会感染耳部疾病，因此要坚持每天检查犬的耳朵。专业美容师或医生触摸犬的耳部会使小犬倍感舒适，要定期处理耳部的问题，保障犬的听力正常，并且有一个健康又靓丽的外表。

准备工具 耳毛钳、小剪刀；耳粉；洗耳液、矿物油；脱脂棉等。

清洁方法

①清洗耳道。首先检查耳朵外部的毛是否有缠结和寄生虫，检查耳道内的垃圾和污物，如有少许耳垢为正常，如果发现大量的红棕色、条纹状或异味的耳垢，则需要清洁。将犬的头部固定，左手将耳朵向头外侧轻拉，露出耳孔，右手注入几滴滴耳液或矿物油。按摩耳根，压迫耳朵一分钟使液体顺耳道而下，然后放开犬使其摇头数次，以便湿润耳垢，最后在止血钳上缠上脱脂棉，小心地将其伸入耳内，将耳垢清出。

②拔除耳毛。对于长毛犬，要用手拔掉露在外面的耳毛。如果困难，可以将适量耳粉倒入耳道内，以便更容易地抓住耳毛。一次不要拔掉很多，否则会引起犬的疼痛，用手不易拔除时可选用耳毛钳拔耳毛，同样每次只能拔掉几根。用耳毛钳拔毛时一定要固定好犬只，防止犬乱动扎伤耳道。短毛犬耳毛不易拔除，可以用小的钝尖剪刀修剪耳毛。而垂耳的小犬耳洞下面和耳廓内侧的耳毛需要剪短。

五、牙齿的卫生保健

操作目的 犬齿比人齿更坚固长久，会产生牙菌斑和牙垢。牙菌斑如不清理会积聚成牙垢，破坏牙龈，导致口腔炎症。牙垢是黏在牙齿上坚硬褐色的硬物，有时因为刷洗的力度不够，需要用刮牙器刮拭才能将其清除。因此要随时检查犬是否有牙垢，并坚持每周给犬清洁一次牙齿，确保牙齿健白。

准备工具 犬用牙膏、牙刷、小喷雾瓶、刮牙器、厚纱布、棉球、棉签。

清洁步骤

1. 清洁前的准备工作

①让犬嗅一嗅牙刷，并用拿牙刷触碰犬的口鼻，再用牙刷在牙齿上摩擦几秒钟，当犬接受不反抗时，要奖励犬，对它进行鼓励。

②再让犬嗅并舔舐少许挤在手指上的牙膏，同样不要忘记奖励犬。

③最后手握口鼻，分开两侧的嘴唇。用牙刷触碰牙齿，给予奖品，和犬交谈，以稳定情绪，增强犬的信心。当犬感到紧张或害怕时，应立即停止清洗，等犬情绪稳定后再刷。

2. 刷牙的方法

①使用软毛牙刷或犬用牙刷，也可将纱布缠在手指上，上面挤上少许牙膏。

②撑开犬的嘴巴，露出牙齿，刷洗牙齿和牙龈。

③沿牙龈线刷洗牙菌斑和牙垢易堆积之处。

④洗刷时不要过分用力，以防损伤牙龈，造成牙龈出血。

⑤避免刷到红色异常之处，如发现疑似感染，要及时就医。

⑥如果牙垢过多清洗不掉，可使用刮牙器或小心沿牙龈线朝牙尖方向刮拭，用手指掩住牙龈避免被刮伤。当牙垢问题很严重时，可用洁牙机处理。

⑦清洁后，喷洗犬的口腔，冲掉牙膏和异物。

3. 磁伸型超声波洗牙的方法

（1）磁伸型超声波洗牙机　由主机、手机、脚踏开关、清洁端的插入口（Insert）等几部分组成。

主机是洗牙机最重要的单元，它主要的功能是将一般家用交流电源产生 25 kHz 电源信号，经由手机线传送至手机线圈，使 Insert 产生 25 000 次/s 的轻微振动。

手机包括手机本体、手机外壳、线圈组、手机插头及连线。会与 Insert 发生电磁效应，使 Insert 快速振动，将牙垢清除，同时水从 Insert 上喷出，产生清洗的效果。

脚踏开关是用来启动洗牙机的，因为洁牙时无法用手去控制速度，为了方便就用脚来控制。

Insert 部分为一镍片与尖端插头，使用时将镍片部分插入手机中，插头尖端部分就可以进行清除牙垢的工作。

（2）连接洗牙装置

①将水管接在干净水源（过滤的纯水或蒸馏水），将进出水管连接好。

②水管接好后，让水流 20 s，防止水管中有杂质堵塞电磁阀，造成水量不足或产生滴水现象。

③将水管接在主机的进水接头处，旋紧，防止漏水。

④将电源线、脚踏开关连接好，脚踏开关应固定在容易踩踏控制的地方，以免不小心绊倒。

（3）洗牙的方法

①洗牙机安装好后，将主机上的电源开关打开，将 Insert 插入手机中，再踩下脚踏开关，让水从手机中流出，调整主机上电源开关的大小，感受振动的力量，调整主机上的调水阀感受出水的水花大小，测试后关闭电源。

②将需要洗牙的犬麻醉，平躺在操作台上，在头下放上颈枕，调整头的位置，避免水流入口鼻中呛水。

③操作者戴上医用口罩及手套，一手撑开犬嘴露出牙齿，一手拿手机，让 Insert 与牙齿面呈 15°角，踩下脚踏开关，开始洗牙。

（4）设备的清洗、消毒与保养

①使用后，将 Insert 从手机上取下，再持续运行 3 s，让手机内部残留的水排出。手机可用消毒液擦拭后用清水冲洗，注意不要将手机线放入消毒液中浸泡。

②由于 Insert 在使用的过程中附有犬的唾液、血液、牙垢等残留物，因此要将其放入消毒液中消毒，后用清洁液清洁，再用清水冲洗去除清洁液，擦干净后放入消毒纸袋中，将其放入消毒锅内灭菌。准备下次使用。

③将机组放置在干燥、通风的地方，用保鲜膜包裹，小心轻放，不用时一定要将电源及水源开关关闭。同时要注意 Insert 是否磨损，机器的力量有无减弱，查找原因及时更换或通知经销商来维修。

4. 牙齿的日常保健方法

①选择食物。平时让犬食用坚硬、干脆的饼干或粗粮可以自动帮助犬清理牙齿，尽量选择富含天然成分和低防腐剂的食品。

②啃咬玩具。有很多玩具有清洁牙齿的作用，通过咀嚼可以去除牙齿上的残留物，并能锻炼咬肌。

③使用牙具。为犬齿清洁设计的刷洗产品各式各样，有软毛牙刷、犬用牙刷、鬃毛橡胶牙刷、刷牙纱布、口腔喷剂、咀嚼刷、呼吸清新剂等。

④定期检查犬的口腔。细心查看牙齿的变化，如牙垢堆积、牙齿松动、牙龈感染等，及时清洁与保健。

六、肛门囊的检查与清理

操作目的 如果肛门腺（又称肛门囊）被堵住，积液排不出来，犬会表现出烦躁症状。在地板上摩擦臀部；咬臀部；转来转去咬尾巴；摸它的臀部会非常敏感；耷拉尾巴，而不是把尾巴翘得很高，有时还两腿夹着尾巴。影响犬的日常生活。

清理步骤

①首先把肛门周围的毛剪掉，用温水清洗肛门，皮肤会变得柔软，犬也会放松，这时腺体较容易排空。

②拇指和食指放在肛门两侧，摸到两个坚硬的腺体，向上向外挤压，使恶臭液体排出（视频1-1）。这些液体有的较浓，有的则像水一样清。有的颜色较浅，有的颜色较深，气味较臭，挤压切勿对着自己或别人。挤完后，立即用水冲洗干净。

保健方法

①经常给犬嚼骨头，有足够钙类沉淀物，腺体的排出物会变硬，较容易从液囊中排出。现在喂养的天然饲料越来越少，犬越来越多地需要人为排空肛门囊，若不及时清空则会形成囊肿（图 1-21）。

②平时仔细观察犬的行为表现，或定期为犬排出肛门囊液。

视频 1-1 肛门囊的清理

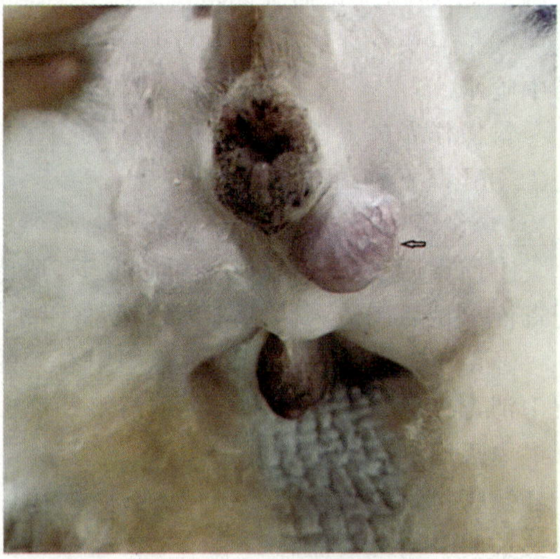

图 1-21 犬肛门腺囊肿

七、犬的皮毛清洗

操作目的　犬的皮肤非常敏感，毛量多、通风差，易造成新陈代谢不畅。犬的沐浴是以保持被毛的清洁健康为目的，但不需要经常沐浴。幼犬顽皮好动，很容易变脏，沐浴次数要多一些；成年犬要视运动量、环境及被毛长短和毛的色泽，决定沐浴次数，成年犬 1～2 次/月即可。

洗浴用品

①基本用品准备。选择一种沐浴香波（亮发型香波、护发型香波、保养刚毛型香波、低变应原性香波、药用香波、无泪香波、驱除跳蚤药浴香波、天然植物精华香波）、护毛素、吸水毛巾、硬毛刷、美容服、防滑浴垫、吹风机、吹水机等。

②洗浴地点选择。专业美容室、浴缸、洗衣盆或厨房水槽（适合小型犬）都可以。

洗浴方法

①淋湿犬体，清洁肛门囊。犬洗澡前先要用棉花将耳道堵住，防止水进入造成耳道发炎。然后试水温，淋湿犬体，从身体后面开始，逐步向前，浸透臀部、躯干、前身，然后细心冲淋头部，防止水进入眼睛及耳道。淋湿后，挤压肛门囊，动作要缓慢，防止犬紧张。

②使用洗发液。取适量洗发液，用海绵球摩擦产生大量泡沫，给犬涂满全身，揉洗按摩。最后用小毛刷或趾甲刷轻轻刷洗耳朵和面部，防止洗澡水进入耳道和眼睛。

③冲洗。用塑料水箱或手握喷雾器，将犬皮毛上的泡沫冲洗干净。长毛、厚毛和双层皮毛冲洗时间较长，一直冲洗到彻底干净为止。短皮毛有时也需要冲洗数次。冲洗比泡沫搓洗时间更长。冲洗不净会导致皮毛暗淡分层，残留的泡沫既刺激犬的皮毛，也影响皮毛的外观和手感。将洗发液冲洗干净后，皮毛涂以护发素或发乳，轻度揉搓后冲洗干净。护发素可以保持长毛柔软丝滑，短毛犬可不用，刚毛犬不能用，因其会破坏犬的坚硬被毛。

④吹干。攥紧被毛，挤出更多的水分。先用吸水毛巾擦干，后用吹水机吹干。根据犬的品种，厚毛、长毛吹干时使用吹风机效果会更好，而且吹风有利于后期修剪和定型。根据季节的不同，将吹风机温度调到冷风或暖风状态，时刻注意防止吹风温度过高。根据皮毛类型和外表要求，快速轻轻地梳理和抖松皮毛。直毛犬要分区域快速吹干和梳理，保持滑顺，防止毛发打结卷曲。如果有些区域快速吹干后出现打结，应蘸湿后再吹直。有些卷毛犬，使用带扩散道的风筒可以保持卷毛原态，如需拉直则要边梳边吹。

注意事项

①如果犬在洗澡时不配合或想要逃脱，则要给它套上尼龙项圈，并系到尼龙皮带上。将皮带缠在固定的装置上，如淋浴栏杆，或将皮带系到你的腰带上或缠绕在腰上等。切忌使用索套项圈或遇水膨胀的项圈来限制犬的活动，犬在挣脱的过程中会有危险。

②如果犬过于脏或异味较强，则需要反复地涂抹浴液和冲洗。大多数犬一次涂抹揉洗和冲洗即可。

③守规矩的犬洗澡时不会挣扎，耳朵和眼睛里不会进水或泡沫。为了防止水进入耳道，最好把耳朵用棉花塞上或将耳朵平贴在脸上。为防止浴液进入眼睛（无泪香波也会刺激犬的眼

睛)，要在眼角处滴上防水矿物油。

④无论是自然风干还是机器吹干，在皮毛完全干燥前不要让犬走到室外，尤其当室外比较寒冷或刮风的时候，会使犬受凉感冒。阳光灿烂的天气适合风干皮毛，但犬更喜欢在草坪上打滚或者在地上把皮毛蹭干净。因此要在室内吹干，这样皮毛保持干净的时间会更长。

⑤使用前要测试水温。夏天暴晒下水管中的水必须首先排空，否则水温过高，直接洗会烫伤犬的皮肤。同样，如果水温过低，受冷刺激后，犬会产生抵触心理或感冒。切忌用花园浇水管直接冲洗犬的身体。

⑥有些犬体有异味，需要采取额外措施，可使用宠物店出售的除臭剂，也可将多种洗发液混合使用。

⑦禁止使用人用洗发液或沐浴露。因为碱性洗发水或沐浴露会导致犬皮肤干燥，产生皮肤瘙痒、过敏、皮屑等一系列问题，降低皮肤的免疫力引发皮肤病。

课后思考

1. 给犬剪趾甲时应如何进行控制？
2. 为什么要拔耳毛？拔耳毛的注意事项有哪些？
3. 犬为什么要清洁牙齿？
4. 贵妇犬洗浴后为什么不能用烘干箱烘干被毛？
5. 影响被毛生长与更换的因素有哪些？
6. 造成被毛损伤的原因有哪些？

知识拓展

一、牙石与牙周炎

牙石与牙周炎多在2岁开始发生，5～8岁多见，无性别差别。此病常因妨碍犬猫采食，而影响其健康。

(1)识病要点　牙石或牙垢多发生在前臼齿和臼齿，犬齿和门齿发生较少。牙石一般见于颊面和唇面，舌面和腭面少见。牙石发生初期，犬猫的行为和采食习惯无任何异常表现，只是在打开口腔检查时，才会发现前臼齿或臼齿上附有米黄色牙石。当牙石增多，引起牙龈损伤和牙周发炎时，犬猫吃食由于疼痛而减少，不喜欢吃硬的食物，吃食时从口腔向外弹食物，口腔发臭，流涎。有的由于牙石和细菌作用，牙齿松动。严重者牙垢和牙石可引起齿龈炎，伴有齿龈组织增生时，用牙探针检查发炎的齿龈，容易引起出血。犬齿周围可发现齿龈萎缩，犬齿好像更加突出。

(2)发病原因　牙垢由食物残渣、脱落的口腔黏膜上皮细胞、细菌和唾液里的黏液混合而成。牙石是唾液中所含矿物质沉积在牙垢上而形成的坚硬刺激物。牙石有龈上牙石和龈下牙石，龈上牙石生长在齿龈上的牙齿表面，龈下牙石在牙周袋内常成块地黏附在牙骨质面上。牙垢和牙石附着在牙面上，一方面对牙周组织有机械性刺激，另一方面在牙垢里和牙石上的大量细菌繁殖，产生毒物刺激牙周组织，引起牙周组织慢性炎症。炎症能引起齿龈组织萎缩、牙槽骨吸收和牙齿松动。严重者形成龋齿或使牙齿崩裂变成碎牙片。各种犬均可患此病，猫品种中，以泰国猫、波斯猫和阿比西尼亚猫最易患此病。

(3)防治方法　在发生牙石或牙垢初期，老实犬猫可在不麻醉情况下，用手指甲或短头止血钳，小心用力把牙石抠除或夹除，然后清除牙龈线以下的牙垢或牙石。再用牙膏及牙刷刷拭齿面，使齿面光滑，延缓牙垢或牙石再发生。如果发生牙周炎或齿龈炎时，除了除掉牙垢和牙石外，还应局部用碘甘油治疗。如果牙齿松动得不厉害，经治疗多数可恢复正常。牙齿严重松动，并伴有牙周炎时，可考虑拔掉松动的病牙。X光照片发现有齿髓病变时，只有拔除病牙，才能治愈。牙齿已崩裂，形成碎片时，应把碎牙片拔除干净。如果拔除困难，又无齿龈炎症存在时，也可以不拔掉碎牙片，但必须磨去碎牙尖部，以防损伤口腔黏膜。若有炎症存在时，就必须把碎牙片全部拔除。预防牙垢和牙石的最好方法，是定期检查牙齿，发现牙垢或牙石，及时清除。如有可能，最好不断地给以刷牙。

二、耳痒螨病

耳痒螨病是犬猫的一种由犬耳痒螨引起的外寄生虫病。此螨世界分布，犬猫感染较为普遍。

(1)识病要点　高度传染性，瘙痒，自我创伤，摇头，耳血肿，发炎或出现过敏反应；在外耳道有厚的棕黑色痂皮样渗出物。诊断：耳内渗出物镜检可见耳痒螨(图1-22、视频1-2)，长500～800 μm，足细长，有3对足伸出体外，第4对足小。雄螨第4对足上具有一大的、柄状步带样吸盘。

视频1-2　显微镜下的耳痒螨

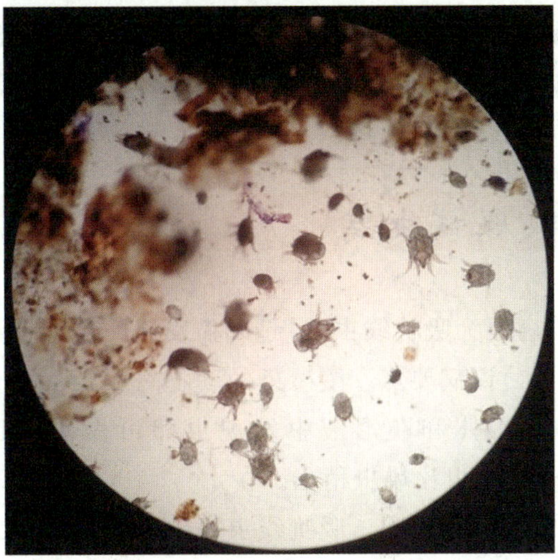

图1-22　显微镜下的耳痒螨

(2)发病原因　犬耳痒螨寄生于耳道内，其生活史与疥螨的相似，整个生活史需18～28 d。直接接触传播，特别是在哺乳时，传给仔犬。犬猫之间也可发生相互传播。

(3)防治方法　清洁耳道;耳内滴注杀螨药;应用抗生素和皮质类固醇药物;全身用除虫菊酯氨基甲酸酯合剂撒粉;全身注射伊维菌素,按 0.2 mL/kg 体重,皮下注射,间隔 1～2 周再用药 1 次;局部应用伊维菌素浇泼剂有效。预防:对同群的所有动物进行预防性杀螨。

三、蠕形螨病

蠕形螨病是犬蠕形螨和猫蠕形螨(极少寄生于全身)分别寄生于犬、猫皮肤引起的一种顽固性皮肤疾病。

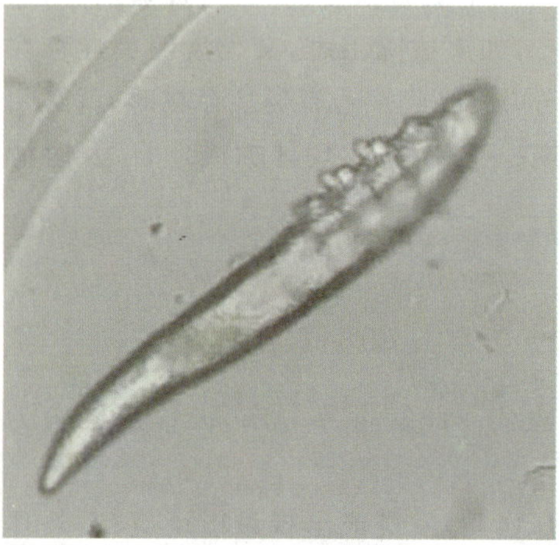

图 1-23　犬蠕形螨

(1)识病要点　病变多发生在眼、唇、耳和前腿内侧的无毛处,局部有 1～5 个小的、周围界限分明的红斑状病变,不痒。严重时,身体大面积脱毛,浮肿,出现红斑、皮脂溢出和脓性皮炎,病畜瘙痒,时常可以发现外表淋巴结的病变。本病有时可以致死动物。诊断:皮肤刮取物镜检,犬蠕形螨(图 1-23)为蠕虫状,长 200～400 μm,有 4 对短粗的足,口器小,体表无毛。

(2)发病原因　虫体多寄生在皮肤的疱状突起内,并在此完成生活史,共需 24 d。其传播方式不完全清楚。有时感染是全身性的,在血液中可以发现虫体。发病不仅与病原有关,还取决于动物的个体差异。

(3)防治方法　①局部病变可在病变处应用杀螨剂,如鱼藤酮、苯甲酸苄酯或过氧化苯甲酰凝胶,一直用到长出毛为止。②全身病变时,轻轻剪去患处的被毛,并移去缠结的硬痂;用洗毛香波清洗干净后,用 2%硫磺石灰水溶液消毒;按 1 mg/kg 体重,皮下注射伊维菌素,间隔 1～2 周用药 1 次。如有深部化脓的存在,还需用抗生素预防化脓细菌感染。预防:有全身蠕形螨病的犬猫,不能用于繁殖后代。

四、眼线虫病

病原为吸吮线虫,引起犬猫发病的主要有两种,分布于北美、南美和亚洲。

(1)识病要点　受感染的动物一般无症状;有时可发生流泪、结膜炎和畏光。通过检查结膜囊内虫体和在泪液中发现虫卵可做出诊断。虫体形态接近于丝虫,细小,雌虫长 7～19 mm,雄虫比雌虫稍小。

(2)发病原因　吸吮线虫寄生于结膜囊、泪管,时常爬出到眼前房内活动。一些蝇类可作为中间宿主传播该病。

(3)防治方法　局部麻醉后取出虫体,消炎。预防:尽量避免动物和蝇类接触。

知识链接 》》》

1. http://ckugc.cku.org.cn/(CKU宠物美容师俱乐部)。
2. http://www.cnsav.com/(宠物医师网)。
3. http://www.cku.org.cn/(CKU官网)。

任务五　犬的健康防疫

学习目标

1. 了解皮肤敏感的犬种及引起皮肤过敏的原因。
2. 了解常备药品及使用方法。
3. 掌握过敏犬的保健方法。

学习内容

一、敏感皮肤犬的保健

经常性的美容是为了保持皮毛的靓丽和健康，而过度的美容会使皮肤更加脆弱。宠物犬可以每天梳理刷洗，但有的却需要更为细心的保健。每只宠物犬的皮肤都可能非常敏感，但有些犬种是格外的娇气。如果其皮肤呈白色、浅粉红色，毛发稀疏或没有毛发，那么它对干燥的空气、风、阳光，以及香波、保健液、护发素等都会更加敏感，有时会引起晒伤斑及异位性皮炎。

(一)皮肤敏感的犬种

阿富汗猎犬、巴吉度犬、比熊犬、斗牛犬、中国冠毛犬、沙皮犬、美系可卡犬、大麦町犬、北京犬、巴哥犬、西高地白㹴、白色贵宾犬、黄色拉布拉多犬等。

(二)引起皮肤过敏的原因

(1)美容工具　美容时所用的钉耙梳、剪刀和电剪刀等，对犬来说都是潜在的威胁。使用工具时要轻拿、轻放、轻使用，如果犬已经患有皮肤病，则更要格外小心。皮肤机能失调也会由于美容方式不当而引起或加重。

(2)过敏性反应　许多犬都会因食物、外部环境或吸入异物而引起过敏反应。过敏最容易反应在犬类的皮肤上，最常见的是由跳蚤唾液引起的过敏性皮炎。过敏反应还会跟皮疹、荨麻疹及严重的瘙痒同时发作。过敏能诱发皮肤疾病，如瘙痒导致犬抓挠、舔舐被毛与皮肤，造成皮肤与被毛受伤(图 1-24)。生活中常见到苏格兰牧羊犬因皮肤病导致被毛脱落，皮肤潮红，治疗这种病，有时要剃光犬全身的被毛。

(三)保健的方法

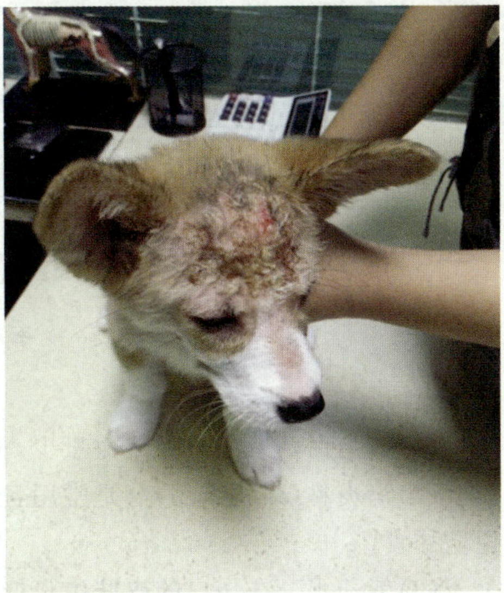

图 1-24　寄生虫感染引起皮肤炎症

(1)防止擦伤和剪伤　刷理时太过用力或电剪温度过高常引起皮肤问题。刷理要温柔,特别是用锋利的金属钉耙梳时。除去毛团时要缓和轻柔,切忌拖拉。使用针梳时也要格外谨慎。电剪使用后随手关闭,以便降温,也可以用冷却剂降温;使用时美容师要不时地轻触刀头,确保温度适宜,切忌用电剪处理敏感部位超过两次,像下颌和颈部,尤其是使用 10 号和 15 号刮刀时。

(2)巧妙使用伊丽莎白项圈　伊丽莎白项圈是一种大而圆的锥形塑料项圈,能围住犬的头部,防止其接触到皮肤。大多数犬不喜欢戴这个装置,但当犬忍不住要刺激患部皮肤时,项圈还是很有必要,同时也防止刚刚进行药浴的犬去舔皮毛和伤口而引起中毒。

(3)合理使用美容产品　有些犬对美容保健用品格外敏感,如香波、护发素、喷雾剂和除虫剂等。对皮肤敏感的犬来说,温和的低变应原性化妆品和含有皮肤润滑成分的天然产品是最好的选择,其中成分包括天然油、芦荟、抑制瘙痒的薄荷醇或桉树油等。

(4)防止皮肤病　犬的皮肤病有遗传性的、有环境因素引起的。环境不卫生或缺乏美容,细菌进入伤口便能导致皮肤感染。从脓疱病(幼犬中常见)到皮褶病(沙皮犬常见),不宜对皮肤的感染区域美容,应剪掉或小心修剪感染部位的毛发。脂溢性皮炎、肤色突变性脱毛或皮肤癌,都要及时就诊。

(5)防止晒伤　犬会被晒伤,甚至会患上皮肤癌。可以为犬准备些喷雾防晒剂,这对那些无毛、毛发稀疏、肤色很浅,以及浅色鼻子的犬非常重要。人用防晒霜也可用,但得确保犬不会把它舔掉。为了安全起见,最好选择犬专用无毒防晒霜。

对于皮肤敏感的犬来说,平时的皮毛保健是至关重要的。

二、疫苗防疫方法与使用

(一)免疫

①幼犬一般在满月后即可断奶,断奶后两周内,幼犬体内仍有母源抗体。母源抗体有可能对免疫接种产生干扰,为了防止母源抗体的影响,建议不能穿透母源抗体的疫苗最好在断奶 15 d 以后接种,对可以穿透母源抗体的疫苗可在断奶时接种。

②新接触的犬只,不了解其免疫健康情况时,可以先注射免疫血清,隔离饲养 10 d 后再进行疫苗免疫接种。

③市场上可供选择的疫苗有很多,不管哪种疫苗,确定首免时间极为重要。如英特威公司的疫苗,可选择如下免疫接种程序:(20 日龄)犬窝咳→(30 日龄)犬二联→(50 日龄)犬五联或六联→(70 日龄)犬五联或六联→(90 日龄)单联狂犬→以后每年 1 次犬五联或六联和单联狂犬。

(二)驱虫

预防肠道线虫可在幼犬 20 日龄时第 1 次驱虫,以后每月驱虫 1 次,6 月龄开始每季度驱虫 1 次,成年犬每年驱虫 2 次。

三、家中常备药物及使用方法

(一)外科用药

(1)云南白药　如果犬流血量少,将药粉涂抹在伤口上即可。如出血过多,可适量口服。

(2)消炎粉(磺胺结晶)　是常用且有效的创伤消炎药。涂抹在伤口表面后,要包扎一下,以防舔食。

(3)紫药水　在伤口的皮肤生长期使用。

(4)红霉素软膏　伤口恢复期可使用,还可以在犬患化脓性皮肤病时使用。

(二)消化道用药

(1)多酶片、胃蛋白酶片、复合维生素　这些药对犬的消化不良、食欲不振会有很大帮助,可有效地调理犬的肠胃功能。

(2)庆大霉素片　常用于犬消化不良引起的呕吐、腹泻等。

(3)胃复安片　当犬发生呕吐时服用即可止吐。

(4)发育宝　平时服用以调节胃肠功能,也可防止犬腹泻。如果犬呕吐、腹泻较严重,应及时就医,以免延误治疗。

(三)特殊用药

(1)氯霉素眼药水　用于眼部的必备药品,可治疗结膜炎、角膜炎。由于其价格便宜,没有患眼病也可用其冲洗,保持眼部清洁。对眼大并凸起的北京犬、巴哥犬等尤为重要。

(2)维生素 E　药箱中常备维生素 E,经常给犬吃,会使它"青春永驻"。

(3)甘油栓　当犬便秘时挤入肛门内,是非常有效的药物。

(4)洗必泰溶液　主要用于公犬。当发现犬包皮腔发炎,包皮口处有略带绿色的灰白色脓汁时,用洗必泰溶液冲洗,以消除炎症。

技能操作 〉〉〉

消灭跳蚤、扁虱、蜱等外寄生虫

操作目的　跳蚤、虱子、蜱和蚊子所携带的疾病(莱姆关节炎、绦虫病、犬恶丝虫病和西尼罗河热等)可能威胁到犬的健康,甚至导致生命危险。从天然植物药剂到杀成虫药、驱虫剂、各种各样的昆虫生长抑制剂,还有阻止跳蚤卵孵化甚至是直接溶解跳蚤和虱子外壳的相关产品,寄生虫病的控制技术已经相当先进，并且每年都在不断进步。有些寄生虫只在一年中的某个固定时间暴发，并且不是在所有地方都存在。

操作要求

1. 检查跳蚤、虱子、蜱的踪迹的方法

(1)跳蚤　①跳蚤的排泄物(即被消化过的血液)看起来像细小的红褐色斑点。②跳蚤卵看起来像细小的白色斑点。③跳蚤呈褐色(图 1-25)，长约 2 mm，以爬行或者跳跃的方式移动。④虽然宠物犬会因为各种原因而皮肤发痒，但持续的瘙痒和不停地抓挠通常是由跳蚤引起的，特别是在天气温暖的季节。

(2)虱子　呈淡黄色且具有褐色斑纹，虱体扁平，分头、胸、腹三部，咀嚼式口器，胸部有 3 对粗短的足。以毛和皮屑为食，采食时引起动物皮肤瘙痒和不安，影响采食和休息。

(3)蜱　因其外形独特而很容易辨认。蜱的身体可自由伸缩，可以从针头那么小到豌豆那么大，当它们吃饱血液后，就会变得跟小玻璃球一样大(图 1-26)。

2. 除虱、蚤、蜱的方法

(1)除虱　用棉球蘸指甲油、酒精或在宠物商店买的驱虱剂，将虱子沾湿；稍等 1 min，直到虱子自己从皮下爬出来，戴上外科手术手套或拿着纸巾，也可用镊子、专门的除虱工具等，把虱子从犬的身上取下；放入盛有少量酒精的容器里，死后丢进马桶冲掉。

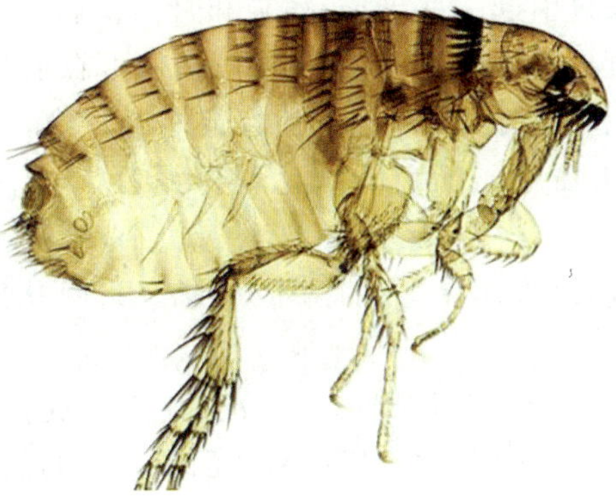

图 1-25　跳蚤(显微镜下)

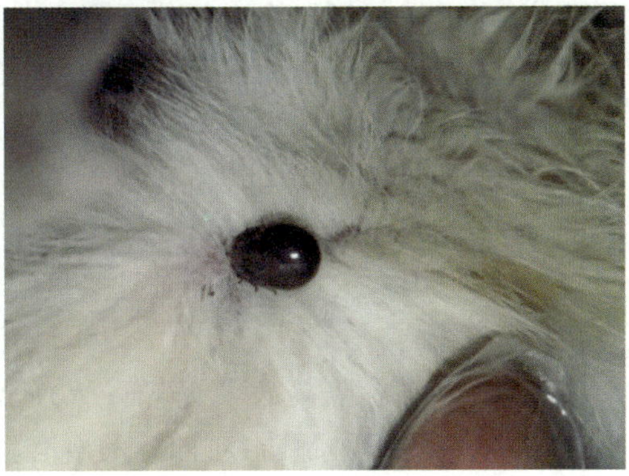

图 1-26　蜱

(2)除蚤　经常洗澡，用除虱梳梳理被毛。首先放满一浴盆水，让犬坐在浴盆里泡澡，不要让水流掉。彻底清洗被毛 5 min，深至皮肤，特别是耳朵、尾巴和腹部这些跳蚤集中的部位。接着由上向下冲淋身体，用除虱梳或大小合适的梳子，慢慢地从尾巴梳到头部。确保每次梳理都深至皮肤。除虱梳齿距格外紧密，能把跳蚤从毛发间剔除。因此除了每周洗澡，每天还要用除虱梳梳理全身。还可使用除虱项圈等。

(3)除螨　化学除虫剂常用氯芬新、双甲脒、除虫菊酯、吡虫啉等。剂型有粉剂、喷剂和滴剂。伊维菌素杀螨，局部应用杀螨剂药水，全身用抗生素药物，防止细菌继发感染，喂以均衡食物，增强身体素质。

(4)彻底清理环境　常用吸尘器打扫，向地毯和家具撒一些专门的除虫剂来减少跳蚤等外寄生虫的滋生。刷洗地毯，使用除虫剂，净化室内空气和清洗院子都是清除的必要手段。

注意事项

①谨慎使用除虫剂，尤其是幼犬。使用前要仔细阅读使用说明，不要让儿童接触到除虫剂。

市场上有多种有效的消灭跳蚤和扁虱的药物，使用前要咨询兽医，选择最安全、有效的药物。

②刚经过药浴或喷了杀虫剂的犬，要防止其舔舐皮肤和被毛，禁止在太阳下暴晒。

课后思考

1. 哪些品种犬的皮肤较为敏感？
2. 引起犬皮肤病的因素有哪些？
3. 对皮肤过敏犬的保健方法有哪些？
4. 了解狂犬病疫苗的使用方法及注意事项。
5. 犬身上经常发现的外寄生虫有哪些？如何分辨与清除？

知识拓展

一、虱病

虱病是分别由犬啮毛虱、近喙状猫毛虱寄生于犬猫引起的一类外寄生虫病。犬的虱子为世界性分布，也是犬复孔绦虫的传播者。猫虱病一般只引起一些老猫、病猫和野猫发病。

(1)识病要点　传染性强，发病和管理差、动物衰弱及卫生条件差有关。最初可在肩部发现病变，不安，瘙痒，皮肤发炎，脱毛。诊断：毛发上检出虱或虱卵，犬啮毛虱外形短宽，长约2.0 mm，黄色并带有黑斑，卵黏在被毛基部。近喙状猫毛虱颜色为黄色到棕褐色，长1.0～1.5 mm，卵产在被毛上。

(2)发病原因　犬啮毛虱雌虱直接接触或间接接触(如用具、人的携带)传播。近喙状猫毛虱直接接触传播。

(3)防治方法　隔离病犬、病猫；所有杀虫剂对虱均有效，每周用药1次，共用4周；将灭虱、蚤项圈戴在颈部。预防：对同养的所有动物进行灭虱处理；改变任何易感因素，如加强饲养管理，改善卫生条件及犬猫营养状况。

二、蚤病

犬猫的常见蚤有犬栉首蚤和猫栉首蚤，这两种蚤常引起犬猫的皮炎，也是犬绦虫的传播者。猫栉首蚤主要寄生于犬猫，有时也见于其他多种温血动物；犬栉首蚤只限于犬及野生犬科动物。

(1)识病要点　刺激皮肤，瘙痒，自伤或自己致残，贫血，跳蚤过敏性皮炎，如严重瘙痒，脱毛，下背部位有粟粒大小的结痂。诊断：跳蚤的存在，蚤的颜色为深褐色，雌蚤有时可超过2.5 mm，而雄蚤则不足1.0 mm；跳蚤排泄物的存在，跳蚤抗原做皮内试验。

(2)发病原因　成蚤在宿主被毛上产卵，卵很快从被毛上掉下，在适宜的条件下经2～4 d孵化成幼虫。幼虫有3种：一龄幼虫、二龄幼虫和三龄幼虫。一龄幼虫和二龄幼虫以植物性物质和动物性物质(包括成蚤的排泄物)为食；三龄幼虫不吃食，作茧。茧为卵圆形，肉眼不容易发现，一般都附着在犬猫垫料上，经几天后化蛹。3 个幼虫期大约需 2 周。在适宜的温度和湿度下，从卵发育到成虫需 18～21 d，但在自然条件下所需时间可能要长，其长短取决于温度、湿度和适宜宿主的存在。成蚤在低温高湿条件下，不吃食也能存活一年或更长时间，但在高温低湿条件下，几天后即会死亡。有鉴于此，在消灭跳蚤时，干燥比饥饿更为重要。犬猫通常直接接触或进入有成蚤的地方而发生感染。

(3)防治方法　有机磷酸盐、除虫菊酯药浴或将药物均匀地撒入被毛内。预防：对同养的所有犬猫进行驱虫；对周围环境进行药物喷雾或应用商品杀虫剂，清扫地毯和犬猫床铺或垫料。

三、犬瘟热

犬瘟热(视频 1-3)，俗称犬瘟。该病是由病毒引起的犬科、鼬科、浣熊科动物，其中包括犬、狐狸、狼、水貂等多种动物的一种高度接触性传染病。该病世界各地都有，一年四季均可发生，但冬春季天气变化较大时多发。该病在我国各地均有流行。不同年龄、性别、品种的犬均可感染，但以未成年的幼犬和纯种犬最为易感。此病死亡率高，是养犬业的第一大敌。

视频 1-3　犬瘟热

(1)识病要点　犬瘟热病毒主要侵害易感动物的呼吸系统、消化系统及神经系统。

以侵害消化系统为主的病例，病犬表现为体温升高(可达 40 ℃以上)，精神变差，厌食，鼻端干燥，眼鼻有黏性或脓性分泌物，多数病例表现程度不同的呕吐、腹泻，继而脱水、消瘦、衰竭而死。

以侵害呼吸系统为主的病例，病犬表现体温升高，鼻端干燥，眼鼻有黏性或脓性分泌物，咳嗽，呼吸加快，肺部听诊有啰音。发病初期，甚至中期，易被误诊为感冒或肺炎。

此病尽管临床症状有上述区分，但病程稍长者，均可见脚垫增厚、变硬甚至干裂。故又称硬脚垫病。这也是临床诊断的重要指标。后期病犬还可出现神经症状，即不自主地吠叫，四肢抽搐，头部震颤以及癫痫症状，终因麻痹衰竭而死亡。这种神经症状是不可逆的，即使病愈，也会留下后遗症。对于慢性感染或抵抗力较强的成年犬、杂种犬、大型犬感染此病，大多数不见明显的呼吸或消化系统症状，而出现后期的神经症状。如阵发性痉挛、后躯无力或麻痹、共济失调。病情拖久，也会衰竭死亡。50 日龄以上，未按程序免疫的犬出现上述症状均可怀疑为此病。

(2)发病原因　此病病原为一种副黏病毒。该病毒在世界各地及我国大部分地区均有。对于 50 日龄以上，未按程序进行免疫的犬，当饲养管理水平降低，天气突然变化，长途运输等使机体抵抗力降低后，均可自然感染此病。而病犬和带毒犬又成为重要的传染源。此病通过直接接触或间接接触而传播。病犬的眼鼻分泌物、呼吸道飞沫、大小便等都是危险的传染源。通过食物、饮水由消化道传染也是主要的传染方式，也可经交配传染。

(3)防治方法　此病目前尚无有效的药物治疗办法。犬一旦出现明显的临床症状经确诊为犬瘟热时，在发病的早期皮下或肌内注射犬瘟热高免血清。血清用量为 2～3 mL/kg 体重，连续应用 2～3 d；大型犬每次注射 15～20 mL，连续应用 2～3 d，可收到较好的效果。为防止继发感染，可选用广谱抗生素来控制或治疗。如头孢霉素、氨苄青霉素、庆大霉素等。为补充能量、防止脱水、改善循环、增强机体抵抗力，可及时适量补给葡萄糖盐水和电解质以及其他对症疗法。

防止此病发生的最好措施就是按规定程序进行预防免疫接种。另外，就是加强饲养管理和有良好的卫生措施。尽可能自繁自养。引进种犬或从外地新买进的犬，要先隔离观察，补注疫苗或按 2～3 mL/kg 体重的用量一次性皮下注射抗犬瘟热高免血清。这样处理，观察 10 d 左右，确认无病方可混群或与健康犬接触。一旦发生病情，要及时隔离病犬，对病情较重、预后不良的犬要及时淘汰，并进行深埋或焚烧等无害化处理。对环境可用 3%福尔马林、20%石灰水或 0.3%次氯酸钠进行消毒。

四、犬细小病毒病

视频 1-4　犬细小病毒病

犬细小病毒病（视频 1-4），又叫犬病毒性肠炎或出血性肠炎，俗称“翻肠子”，是犬科动物的一种具有高度接触性传染的烈性传染病。该病几乎遍布世界各地，我国绝大部分地区均有流行。该病一年四季均可发生，但以寒冷的冬春季多发。不同年龄、性别、品种的犬均可感染，但以刚断乳至 90 日龄的幼犬发病较多，病情也较严重。该病死亡率很高，常给养犬业造成较大的危害。

（1）识病要点　犬细小病毒病在临床上表现有 2 种类型，即肠炎型和心肌炎型。

肠炎型多见于 3～4 月龄的幼犬。病初可见体温升高，精神变差，不食、呕吐。呕吐物初期为食物，继而为黄绿色或带有血液的黏液状物质。发病 1 d 后开始腹泻。腹泻初期粪便呈稀糊状，随病情发展，粪便呈咖啡色或番茄酱色样的血便，继而排便次数增加，里急后重，血便带有特殊的腥臭气味。血便数小时后，病犬表现严重的脱水症状。眼球下陷，鼻端干燥，皮肤弹性严重降低，体重明显减轻。肠道出血严重的病例，由于肠内容物腐败可造成毒素中毒及弥散性血管内凝血，病犬处于休克、昏迷状态，可很快死亡。

肠炎型细小病毒病与其他消化道疾病的特征性区别是呕吐与腹泻并存，且呕吐与腹泻都是剧烈的、喷射状的。

心肌炎型多见于 4～6 周龄的仔犬。常表现为突然发病，呼吸困难，心力衰竭，也可见轻度呕吐和腹泻。此型由于发病突然，病犬幼小抵抗力弱，往往来不及确诊和治疗即在短时间内死亡。

目前，对于 50 日龄以上，未按程序免疫的犬，且发病之前饮食没有明显改变，突然出现上吐下泻，尤其是出现具有特殊腥臭味血便的犬，均可怀疑为此病。

（2）发病原因　该病病原为犬细小病毒。该病毒在世界各地均有分布。在养犬较多或者疫病存在的地区，未按程序进行犬细小病毒疫苗免疫的犬，当环境条件变差，饲养管理水平降低，导致机体抗病力降低，均有可能自然感染或被传染此病。该病通过直接接触和间接接触而感染。通过消化道感染是其主要的感染途径。病犬的唾液、大小便及呕吐物中含有大量的病毒。病犬康复后还可从粪便中长时间排毒。因此，未经严格处理的病犬分泌物、排泄物及病死犬的尸体都是危险的传染源。

（3）防治方法　目前对此病尚无特异性的治疗方法。犬一旦出现明显的临床症状并实验室确诊后，早期可肌内或皮下注射犬细小病毒高免血清或犬细小病毒单克隆抗体。用量 2～3 mL/kg 体重，连续 2～3 d，可收到较好的治疗效果。对病犬及时采用对症和支持疗法也是必需的，主要是补糖、补液、止吐、止泻、止血、用抗生素控制继发感染。

防止本病发生的最好措施，就是按要求进行预防接种。另外，就是加强饲养管理和兽医卫生措施。对病犬的分泌物、排泄物及病死犬的尸体和环境进行严格处理。

五、犬传染性肝炎

犬传染性肝炎（视频 1-5）是犬科动物的一种急性、败血性传染病。该病的流行及对养犬业的危害要低于犬瘟热和犬细小病毒病，但该病在世界各地均有不同程度的发生。各种品种的犬均易感。本病发生无明显的季节性，但以冬季多发。幼犬的发病率和死亡率相对较高。

视频 1-5　犬传染性肝炎

（1）识病要点　该病主要发生在 1 岁以内的幼犬，成年犬很少发生，且多为隐性感染。

出生不久及 1 岁以内的幼犬发病多为最急性型。体温升高达 41 ℃，腹痛、呕吐，粪便中带血，多在出现上述症状后数小时内死亡；病程稍长或叫急性型病例，可见精神沉郁，体温升高，寒战怕冷，食欲废绝，喜喝水，呕吐，腹泻，多预后不良；病情较轻（亚急性病例），除上述急性症状表现较轻外，病程稍长后，还可见贫血、黄疸，即可视黏膜黄染、咽炎、扁桃体炎，淋巴结肿大，特征性症状在头部，头、颈、眼睑水肿，角膜水肿、混浊、变蓝，临床上也称“蓝眼病”。眼睛半闭，畏光流泪，并有大量浆液性分泌物流出。角膜混浊变蓝的特征是由角膜中心向四周扩散。重者可导致角膜穿孔。恢复期，混浊的角膜由四周向中心缓慢消退。

（2）发病原因　该病病原为犬腺病毒Ⅰ型。该病的传播途径主要是直接接触，且经消化道感染是其主要的感染途径，胎盘感染也有可能。体外寄生虫可成为传播媒介。病犬和带毒犬是主要的传染源。病犬的分泌物、排泄物均含有病毒。康复犬可长时间带毒，并自尿液中排出。在有该病存在的地区，1 岁以内未按程序免疫的犬均有可能感染此病。带毒母犬生下的幼犬，也可自然发病。

（3）防治方法　预防该病发生的最好措施，就是平时加强饲养管理，严格兽医卫生措施，定期进行免疫接种。在发病初期可用犬传染性肝炎高免血清治疗，有一定的作用。如果出现明显的临床症状，还应采取对症疗法，如用广谱抗生素防止继发感染；补糖、补液提高机体抵抗力；保肝利胆；给予多种维生素制剂。

对污染的环境可用福尔马林熏蒸消毒，0.3%次氯酸钠或过氧乙酸喷洒消毒。

六、犬冠状病毒病

犬冠状病毒病（视频 1-6）是指由犬冠状病毒引起的，导致病犬发生轻重不一的胃肠炎症状的传染病。临床特征有频繁呕吐、腹泻、沉郁、厌食。该病毒既可单独感染，又可与细小病毒混合感染造成犬腹泻的流行。该病分布于世界各地，所有年龄、品种的犬均易感。该病一年四季均可发生，以冬季多发。

视频 1-6　犬冠状病毒病

（1）识病要点　该病传播速度快，一旦有犬感染此病，同窝或同群的犬很难控制，均可造成感染，1 d 后便可蔓延全群。潜伏期 1～3 d，临床症状轻重不一，有的无明显症状，主要见于成年犬。有的可呈现致死性胃肠炎症状，多见于幼犬。病犬表现嗜睡、衰弱、厌食，初期可见有持续数天的呕吐，随后出现腹泻。腹泻出现后，呕吐次数减少。粪便呈稀粥样或水样，有时粪便中混有少量黏液和血液，粪便呈黄绿色或橘红色、恶臭。病犬高度脱水、消瘦、眼球下陷，皮肤弹性下降。多数病犬体温及白细胞数变化不大。此病对幼犬有较大危害，可在发病后 2 d 内死亡。该病对成年犬一般不会造成死亡，对症治疗后 7～10 d 内便可康复。

(2)发病原因　该病病原为犬冠状病毒。病犬是主要的传染源。传染途径主要是消化道，也可经呼吸道感染。发病率与犬群密度成正比。也就是说，同群饲养数量越多，密度越高，越容易发病。

(3)防治方法　预防该病最主要的措施是疫苗接种。减少发病的其他措施，就是加强饲养管理，严格执行兽医卫生措施。对病犬进行对症治疗，如止吐、止泻、补液、补糖、用抗生素防止继发感染，可收到良好的效果。

该病常与细小病毒、轮状病毒及其他肠道病原微生物混合感染，应注意鉴别诊断，并采取综合治疗措施。

七、狂犬病

视频 1-7　狂犬病

狂犬病(视频 1-7)，俗称疯狗病，又叫恐水症，是由狂犬病病毒引起的一种可感染多种动物的高度接触性传染病。几乎所有温血动物，包括人和犬、猫、狼、狐以及牛、马、羊、猪等均可感染此病。此病分布于世界各地。由于人和犬、猫对此病易感且死亡率极高，因此，狂犬病是一种严重的人畜共患病。

(1)识病要点　狂犬病病犬临床表现可分为 2 型：狂暴型和麻痹型。

狂暴型　病程可持续 1 周左右，可分前驱期、兴奋期和麻痹期 3 个阶段。

前驱期表现精神沉郁，怕光喜暗，反应迟钝，不听主人呼唤，不愿接触人，食欲反常，喜咬吃异物，吞咽时伸颈困难，唾液增多，后躯无力。一般持续 1～2 d。此后进入兴奋期，表现为意识紊乱，对外界环境的刺激极为敏感，兴奋不安、惊恐、无目的地吠叫，主动攻击人和其他动物，乱啃乱咬。用绳链锁起或圈在笼中的犬，也常常试图挣脱，啃咬圈笼及链绳，自咬四肢、尾部等。有时给饮水或自己看见水，也会引起病犬狂暴发作，故又称恐水症。此期是对人类最危险的时期。狂暴之后出现沉郁即进入麻痹期，表现疲劳不爱动，眼睛斜视，叫声嘶哑，下颌麻痹，流涎，逐渐消瘦，终因中枢神经麻痹而死亡。

麻痹型　先出现短暂的兴奋症状，很快进入麻痹状态。麻痹先出现在头部肌肉，可见流涎，吞咽困难，舌脱出。随着病程的发展，肌肉麻痹波及全身。一般 2～4 d 后死亡。

对于没有进行过狂犬疫苗免疫接种的犬，出现上述症状，即可诊断为此病。此外，有条件的医疗机构可进行实验室检查。常见的方法有脑组织包涵体检查、直接荧光抗体法、酶联免疫反应、血凝试验及小白鼠脑内接种注射等。

(2)发病原因　该病病原为狂犬病病毒。此病主要通过唾液感染，即易感动物主要是被患病动物或隐性感染动物咬伤或抓伤而发病。不同种的动物对该病的易感性和敏感性有较大差异。犬、猫和人最为易感，也最敏感，其他动物多为隐性感染，即被感染后带毒而不发病。但患

病动物和隐性感染动物都是危险的传染源。

(3)防治方法　目前对患有此病的犬、猫和人没有任何药物可以治疗。因此，必须按程序对犬进行狂犬病疫苗免疫接种。对于没有进行免疫接种，又出现可疑临床症状的犬猫，应立即扑杀，并将尸体焚烧或深埋。

被犬猫，尤其是未进行狂犬病疫苗免疫的犬猫咬伤、抓伤的人，要及时地、尽可能地挤出伤口的污血，然后用肥皂水或1%新洁尔灭反复冲洗，再用75%酒精或5%碘酊彻底消毒，并在24 h内到疾病预防控制中心接种狂犬疫苗。

知识链接 〉〉〉

1. http://www.ipd.org.cn/Index.html(中国疾病预防控制中心)。

2. http://www.vetparasit.com(兽医寄生虫网)。

任务六　犬的日常保健

学习目标

1. 熟悉种公犬、伤病犬的护理与保健。
2. 掌握幼犬、母犬、老龄犬的日常保健与护理。
3. 针对不同的季节，对犬进行合理的保健。

学习内容

一、幼犬的日常保健

（一）仔犬的保健

"仔犬"指从出生到断奶约45日龄的幼犬。仔犬从母体子宫中来到外界环境，其生活条件发生了巨大的变化。仔犬的消化、免疫、体温调节等机能尚未发育完全，大多数的仔犬体质都很弱。为了使其逐渐适应外界环境，让仔犬学会自己照顾自己，培养自己独立生存的能力，主人所要做的保健工作是保温、防压、防冻、补乳等。

（1）保温、防压　仔犬出生后，从母体内的恒温环境来到体外的变温环境中，这些小家伙被毛稀少、调温功能尚未完全形成，故而要做好保温工作。新生仔犬环境适宜温度：1～14日龄为25～29 ℃，15～21日龄为23～26 ℃，以后接近常温。同时，刚出生的仔犬骨骼很软，站立不稳，行动不便，容易被母犬压迫窒息而死或踩伤致死，特别是一些大型犬种，如金毛寻回犬、拉布拉多寻回犬等。这时，主人需要加强看护。

（2）吃乳和补乳　新生犬体内尚未产生抗体，此时的母犬却大量分泌富含多种抗体的母乳，因此要让新生犬吃足初乳（指产后3 d内的乳汁）。仔犬稍大，母乳供应不足时，就需要适当补乳，此时切忌饲喂牛奶，因为仔犬的胃肠功能非常差，喂牛奶容易引起腹泻。最好用专用的犬奶粉，为了降低开销也可用脱脂牛奶或高钙脱脂奶粉。煮沸消毒后用奶瓶补乳，温度在37 ℃左右（视频1-8）。补乳量一般不必刻意限制，当以喂饱为止。25日龄以后，可试着以肉汤、稀饭加食。仔犬在吃奶时常发生争抢现象，为避免冲突和个别发育不良，应固定每个仔犬吃奶的奶头，使它们各食其奶，相安无事。

视频1-8　用奶瓶补乳

（3）日常管理　在仔犬出生5 d以后，主人可选择风和日暖的好天气，把它们抱到室外与母犬共晒太阳，2次/d，0.5 h/次为好。这样仔犬可以呼吸到新鲜空气，并利用阳光中的紫外线杀死身上的细菌，还有利于被毛的干松，加快其生长。仔犬身上的污物很多，应该及时用柔软的布片擦拭，每隔两天洗澡 1 次，洗澡水水温 35～40 ℃，防止浴水进入耳内。洗澡后可以为仔犬修剪趾甲，以免在吃奶时抓伤母犬乳房及其他仔犬。等到仔犬有了一定的体力和精力之后，可以引导它们在室外游戏、玩耍，但要防止互相撕咬争斗。

（二）幼犬的保健

幼犬（7～12 周）断奶后即可分窝，最佳的年龄是 8～9 周龄。这时的幼犬由依靠母乳到完全独立生活，生活环境发生很大变化，加之被抱养后，来到一个完全生疏的环境，原来的生活规律被打乱。因此，应让其尽快地熟悉、适应新的环境。

（1）适应环境　幼犬来到新的环境以后，常因恐惧而精神高度紧张，任何较大的声响和动作都可能使其受到惊吓，要避免大声喧闹，更不能出于好奇而多人围观、戏弄。最好将幼犬直接放在室内它休息的地方，适应一段时间后再接近它。接近犬的最好时机是喂食时，这时可一边将食物推到幼犬的眼前，一边用温和的口气对待它，也可温柔地抚摸其被毛。所喂的食物应是犬特别喜欢吃的东西，如肉和骨头等。但开始可能不吃，这时不必着急强迫它吃，等适应以后，会自动采食。如果它走出犬舍或在室内自由走动，表示已初步适应了新环境。

（2）调教　饲养幼犬必须从一开始就要注意两件事：一是训练犬在固定地方睡觉。犬有这样一种习惯，即来到新环境以后，第一次睡过觉的地方，就认为最安全。以后睡觉都会到这个地方来，而绝不越雷池一步。因此，第一天晚上睡觉时一定要关在室内指定睡觉的地方。数天后就会固定下来，如果偶尔发现它在其他的地方睡觉，就要将其抱回原来的地方，并命令它在固定的地方睡觉。二是训练犬在固定地点大小便，一般在犬 4 月龄时开始训练。采食后 30 min 左右有原地转圈圈的排便迹象时，可将犬引导至指定地点进行大小便。犬大小便排完后，可用纸巾沾染其尿液放到指定地点，以后犬就可以通过气味到固定地点进行大小便。当犬在指定地点排大小便时，可适当给予奖励；当发现犬随地大小便时，要及时制止，并用肥皂水将大小便清理干净，避免犬嗅到自己大小便的气味再次在非指定地点大小便。

（3）安全　幼犬通常都有好奇心，所以要当心家里摇晃的电线、杯子、会动的玩具，另外收藏好值钱的鞋子等，防止幼犬啃咬。要友善对待，而不要对它发脾气和打骂。如果幼犬按照你的要求做了某种事情，要及时予以奖励，让它知道这是你所喜欢的事情。如果做错了事，只要严肃地说声“不对”，它就会知道这是不允许做的事。在幼犬适应环境阶段，要防止其逃跑。一旦发现幼犬行为诡秘，躲躲闪闪，不听招呼，有逃跑企图时，应立即制止，予以斥责，使其不再逃跑。

（4）日常管理　首先，搞好幼犬的卫生，保持犬窝干燥，增强体质，预防疾病。每天早晨都要检查幼犬的情况，清除眼屎，检查耳朵和口腔，梳理被毛，查看有无跳蚤，抬起犬的尾巴，检查肛门是否干净。幼犬皮肤薄，这些日常检查动作要缓慢、轻柔，使其有舒适感而习惯抚摸，并能及时地发现异常。

其次，进行一定的运动和日光浴。适当运动能加强新陈代谢，促进骨骼和肌肉的发育。但运动量不宜过大，以不加控制的自由活动为主，剧烈运动会导致身体发育不匀称，而且影响食欲和采食。当幼犬逐渐长大时，应牵至户外，锻炼其对外界环境的适应能力，培养其胆量，并开始进行训练。

另外，要确保幼犬每天得到足够的食物，以获取均衡的营养物质，既要可口又要易消化，最简单的方式是选择专门针对幼犬的犬粮。

(5)驱虫与预防接种　幼犬易患蛔虫等寄生虫病，严重地影响其生长发育，甚至引起死亡。因此，定期进行驱虫非常重要，一般在 30 日龄时进行第一次粪检和驱虫，以后每月定期抽检和驱虫 1 次。为防止污染环境，驱虫后排出的粪便和虫体应集中堆积发酵处理。2 月龄以上的幼犬应根据所在地区的疫情，定期做好疫苗的预防接种工作。

二、母犬的保健

(一)妊娠期母犬的保健

雌犬一般长至 6～9 个月的时候就会出现发情，并且每年的春秋两季会发情 1～2 次，发情期持续 3 周左右。影响发情的因素很多，从营养需求来讲，叶酸、酪氨酸、维生素 A 和维生素 C 能够促进卵泡的发育。而叶酸与酪氨酸已被证明能够影响犬在发情期的表现。在发情期持续 9～13 d 的时候，是配种的最佳时机，此时受孕率最高。妊娠期间犬的合理饮食与一定量的运动，是保证母犬顺利产仔与仔犬健康的重要条件。

(1)饮食保健　从交配后的第 20 天起，要适当增加肉类、钙粉、蛋黄、蔬菜等。精氨酸、维生素 H 与维生素 E 可提高排卵率，精氨酸、牛磺酸、酪氨酸与叶酸可使受精率提高，同时 β-胡萝卜素与维生素 H 可帮助子宫内膜做好胚胎着床的准备。另外，维生素 A 对于怀孕期间的保养是非常重要的。一些矿物质，包括铜、锰、钙、鳞、硫、锌、镉与钼，对繁殖过程的作用仍在研究当中。

妊娠 45 d 左右，每天中午加喂 1 次，少食多餐，减少对子宫的压力，以免造成流产。尤其不能吃冷的食物和喝冷水。临产前稍减喂量，并喂给易消化的犬粮，供足饮水，妊娠 50 d 后进产房。

(2)运动保健　妊娠犬要适当活动，可促进血液循环，增加食欲。有利于胎儿的发育，也可减少难产。孕犬应单独散放，户外活动每天至少 4 次，每次不少于 30 min。

(3)清洁保健　要经常给孕犬梳刷身体，妊娠 30 d 内可以洗澡，注意保持孕犬乳房清洁。分娩前 2 d 擦洗乳房，擦干后涂凡士林软膏。产前 1 周要准备好大小合适的产仔箱，铺上温暖的垫子，等待仔犬的到来。

(二)产后母犬的保健

(1)清洁保健　母犬的外阴部、尾部及乳房等部位要用温水洗净、擦干；更换被污染的褥垫及注意保温。

(2)安全保健　要保持静养，陌生人切忌接近，避免母犬受到骚扰。若致使母犬神经质，会发生咬人或吞食仔犬的恶果。

(3)饮食保健　刚分娩过的母犬，一般不进食，可给予少量葡萄糖水，5～6 h 后补充一些鸡蛋和牛奶，直到 24 h 后正式开始喂食，要选用适口性好、容易消化的食物。最初几天喂给营养丰富的粥状饲料，如牛奶冲鸡蛋、肉粥等，少量多餐，一周后逐渐喂给较干的饲料。注意母犬哺乳情况，如不给仔犬哺乳，要查明是缺奶还是有病，及时采取相应措施。泌乳量少的母犬可喂给牛奶或猪蹄汤、鱼汤和猪肺汤等增加泌乳量。

(4)调教母犬　有的母犬母性差，不愿意照顾仔犬，必须严厉斥责，并强制它给仔犬喂奶。对不关心仔犬的母犬，还可以抓一只仔犬，并使它尖叫，这可能会唤醒母犬母性本能。此外，仔犬此时行动不灵，要随时防止母犬挤压。如听到仔犬的短促尖叫声，应立即前往察看，及时取出被挤压的仔犬。为了刺激仔犬排泄，母犬必须用舌舔仔犬臀部，如母犬不舔，要在仔犬肛门附近涂以奶油，诱导母犬去舔。

(5)产房的环境要求　做好冬季仔犬的防冻保暖工作。可增加垫草、垫料，犬窝门口挂防寒帘等。如犬舍温度过低，也可用红外线加热器，以提供仔犬所需的适宜温度。

(三)哺乳期母犬的保健

(1)清洁保健　要加强对哺乳母犬的梳理和清洁工作，每周要洗澡 1 次，经常用消毒药水浸过的棉球擦拭乳房，然后用清水冲洗干净，以免仔犬将药水吸入体内。同时要经常检查母犬的乳房，有无在地上擦伤或被仔犬的趾爪挠伤，如发现外伤应及时治疗，以防感染细菌后引起乳腺炎。要搞好产房卫生，定期消毒，每天及时更换垫被。

(2)运动保健　天气暖和时，要带领母犬到室外散步，每天最少 2 次，每次可由 0.5 h 逐渐增至 1 h 左右，但不能剧烈运动。

(3)产房的环境要求　注意保持产房及周围环境的安静，避免较大的声响或噪声、强光等刺激，使母犬及仔犬都能很好地休息。有的母犬为了照顾仔犬，经常不离开产房，出现憋尿憋便现象，此时，应定时将母犬带往习惯排便的地方，让其排便。

三、配种期种公犬的保健

(1)运动保健　公犬每天要保持一定的运动量，慢跑为主，0.5 h 为宜，以保持精力旺盛和体形健美。

(2)饮食保健　平时饮食要合理，每日 1 餐，饮水不限。脂肪不能过多，以防肥胖，使生育能力下降。

(3)合理配种　公犬配种的最好年龄在 2 岁左右，身体完全发育成熟时。交配时，每天 1 次为宜，不要过多。应在母犬流出带血分泌物的第 11～13 天交配，成功率最高。严格管理，不要让公犬随意与母犬交配。

四、老龄犬的日常保健

一般来说，犬从 7～8 岁开始出现老化现象，但由于品种、环境和管理条件不同，其老化的程度也有所差异。

(一)判断犬老龄化的标志

犬最明显的老化指征是皮肤和被毛的变化。

(1)皮肤的变化　变得干燥、松弛、缺乏弹力、易患皮肤病。

(2)被毛的变化　一些深色的被毛，如黑色或棕色毛变成灰色，头部和嘴巴周围出现白毛，脱毛增多。

(3)其他部位的变化　10 岁以上犬的牙齿变黄，视力与听力减退，体力减弱，懒惰，嗜睡及体重减轻等。

(二)老龄犬保健

(1)饮食保健　要提供充足的饮水和营养均衡的柔软或半流质食物,蛋白质、脂肪含量丰富,易于咀嚼,便于消化。饲料太硬时可以用热水浸泡后再饲喂,罐头也可以考虑,粗纤维等难以消化的饲料要少。如果犬有肥胖症、糖尿病、肾病、心脏病等,则要对食物进行控制,减少盐分摄取,特别是对于那些没有明显疾病及运动量减少的老龄犬。另外,应采取多餐少喂的饲养方式,每天分 3～4 次喂食。

对于老龄犬来说,犬粮要求低脂肪、低能量、低盐分,蛋白质含量适宜,这样有益于老龄犬的新陈代谢,并与老龄犬的活动量减少相协调。但对于有活力的老龄犬吃成年犬的犬粮,对健康会更好。要保证每只犬都能吃到适合的犬粮,满足犬的生理需求。

(2)牙齿保健　掉牙和牙周炎是老龄犬常见现象。牙疼和牙龈炎都会导致呼吸异味、嗅觉减退、食欲不佳、牙齿变色和牙龈出血,最终使消化力降低。因此,要对老龄犬的牙齿进行保健,定期刷牙。

(3)环境要求　老龄犬的抵抗力降低,既怕冷又怕热,要做好保温、防暑工作。平时应多注意观察犬的行为,发现异常及时诊治。

(4)运动保健　老龄犬的性情也会改变,不再像以往那样活泼好动,变得安静喜卧,运动减少,睡眠增多,同时也很容易疲劳。带老龄犬活动时,要注意防止过度疲劳。另外,老龄犬的肌肉和关节的配合及神经的控制都远不如壮年犬,骨骼也变得脆弱,不能让老龄犬做复杂、高难度的动作,以防肌肉拉伤或骨折。按照老龄犬原有的良好生活习惯和规律,合理安排老龄犬的日常生活。与老龄犬相处,要用心去呵护,让其在年老的时候仍能保持生活的乐趣,并欣赏更慢一拍的生活方式。

五、去势犬的保健

现在很多家庭为了便于管理及饲养,给宠物犬施行绝育手术。大多数的犬在手术后 12～24 h 内会显得精神困倦和昏昏欲睡,这是麻醉后产生的反应。手术后一段时间,犬会出现厌食情况,喂食量应比平常少。有些犬在饮食后可能会出现呕吐,这也是手术麻醉后产生的反应,应在兽医的指导下进行妥善处置。宠物犬主人要具备一些必要的保健知识和配备急救箱,每天对犬进行健康保健,一旦发生意外情况可随时使用。妥善的处置和充满爱心的保健,犬一定会很快恢复健康。

(1)手术后的保健　犬在做手术后,一定要让它多休息,尽量不要骚扰和惊动它。大多数的犬在手术后一两天内会行动自如,但不要让它做较剧烈的活动。为了避免犬舔咬伤口或咬扯缝合线,可给它戴上特制头套进行限制。如果犬手术几天后还持续呕吐,或者将缝线扯掉、伤口出现异常红肿及大量异常液体流出,需及时就医,以防并发其他疾病。

(2)饮食保健　犬在手术后食欲低下,应该变换食物做法,调配花样,或多喂它平时喜欢的零食,尽量让犬多吃点。这时的食物也许比药物更管用。

六、不同季节对犬的保健

在不同的季节里，犬具有不同的生理变化，保洁养护内容也应有相应的变化。比如犬的体毛总在不断更换，虽然每个品种的犬换毛早晚不完全一致，但每年春末夏初换毛期间，犬总要脱下冬季御寒的浓密绒毛。这时可用毛刷或齿隙大的梳子把脱毛梳下来，否则到了梅雨季节容易因潮湿引起皮肤病或造成被毛打结。而到了秋天，犬身上又会长出绒毛，这时就要经常进行梳理，刺激皮肤的血液循环，促进被毛生长。

(一)春季保健

(1)清洁保健　在经过一冬之后，厚厚的长毛开始脱落。特别是春节过后，每天都能看到地面上、犬窝里有一团团的毛，这是正常生理变化，脱去“冬装”以适应夏季的炎热。这时要每天梳理被毛和清扫犬窝，避免脱落的毛黏在身上形成毛毡。如果掉得太多，使皮肤外露就属于皮肤病。春季犬换毛时，由于换毛过程皮肤不洁，容易患疥螨等皮肤病。所以对春季换毛犬要注意被毛梳理，保持皮肤清洁和预防皮肤病发生。

(2)繁殖期保健　春季也是发情的季节，除繁殖优良纯种外，要注意防止乱配。看管好自己的犬，待找到良种后再交配。对于不准备留种的母犬，可以考虑做绝育手术，避免发情前后的不良反应。同时，对发情公母犬要加强看管，防止走失和乱配，还要防止公犬因争配偶斗架发生外伤，出现伤情应及时处理。

(3)疾病保健　春天是犬疾病多发的季节，必须贯彻防重于治的原则。首先对犬舍(窝)和运动场要彻底清洗并进行消毒；定期对犬进行体内外驱虫。此外，还要接种狂犬病及犬瘟热、细小病毒病等疫苗。

(二)夏季保健

(1)清洁保健　夏季要定期洗澡，保证犬的清洁卫生。对长毛(如北京犬、西施犬、苏格兰牧羊犬、古代英国牧羊犬等)及卷毛犬(贵宾犬、比熊犬等)要定期进行美容，修饰其被毛，换上夏装，轻松度过炎热的夏季。夏季犬的眼睛附近容易有过多的分泌物，可以用生理盐水冲洗。犬的耳朵要经常清洁，检查有无发炎或黑色油脂状分泌物，或将长的耳毛拔除。

(2)防中暑　犬由于汗腺退化，散热较困难，夏季较易中暑，所以犬窝要选择通风良好、比较阴凉的地方。避免犬在烈日下活动，一般要在早、晚外出散步。如发现犬有中暑症状，如呼吸困难、皮温升高、心跳加快、眼泪和口水过多，甚至口吐白沫，应放置在阴凉、安静、通风的地方，避免阳光直射，同时喂给充足的清水，立即用湿毛巾冷敷头部，并请兽医治疗。为防潮湿，要勤换被褥等铺盖物，被雨淋湿后的犬要及时用毛巾擦干。另外，千万别把犬独自留在汽车里，夏天车厢内气温高，空气不流通，犬身上的热气无法散出去，易导致缺氧或中暑死亡。

(3)防空调综合征　夏季酷暑炎热，很多家庭使用空调。犬在空调环境中的时间太长，会患空调病。特别是炎热的中午，突然将犬带到屋外，或将在室外晒太阳的犬带回开着空调的家里，更容易患病。宠物患空调病后，主要症状是打喷嚏和流鼻涕，精神沉闷，厌食甚至不吃不喝，看起来类似感冒症状，其实比感冒要严重得多，有的体温升高，呼吸和心率加快，甚至会死亡。所以不要让犬长期处在空调环境中，带它们外出时最好选择早晨或傍晚温度较低的时间。

严禁宠物睡在空调风口下，平时要让它们待在有自然风的环境里。另外，给犬洗完澡后不要直吹空调。

(4)营养均衡　夏天是个流汗的季节，动物也会流失很多水分，要时常留意它们的食盆内是否有清洁充足的饮水。另外，不要将直接从冰箱中取出的食物喂犬，以免过冷的食物刺激胃肠道，最好多给宠物补充一些含电解质的营养素。

(5)防病　夏季是犬体内外寄生虫生长的季节，应定期进行粪便检查和体内驱虫。夏季也是蚊、蝇、跳蚤、蜱滋生的季节，影响犬休息或可能由吸血昆虫带来疟疾、附红细胞体病、巴贝斯焦虫病等。要经常查鼻头颜色，看鼻子是否干燥，若流鼻涕则要注意是否发热、感冒；若鼻子有脓样分泌物，可能已患上严重肺炎或传染病，要尽快诊治。

(三)秋季保健

(1)清洁护理　对犬来说，秋天是一年中最舒适、最快活的季节。犬脱下夏毛换上美丽的长毛，会变得比以前更漂亮，要做到及时保健，经常地梳理和清洗，以保持其优美的外表。

(2)饮食要求　秋天是犬新陈代谢最旺盛的季节，食欲最好，食量大增。为了增加体脂储备，要喂蛋白质和脂肪含量高的食物，以促进冬毛的生长，消除夏季疲劳，为过冬做好准备。

(3)其他　秋季气温下降，早晚温差大，犬易受凉感冒。秋天也是犬发情、交配、繁殖的季节，其管理方法基本与春季相同。

(四)冬季保健

1.防寒、防病

冬季气温寒冷，要注意防寒保温及进行日光浴，预防感冒、肺炎等呼吸道疾病和风湿病发生。冬季管理首先要注意犬舍的防寒保暖。将犬舍搬到向阳背风的地方，如果是室外犬舍要在犬舍周围搭设防风、防雨雪等设备；垫褥要厚些，并应勤换和日晒，以保持干燥；晴天还要注意适当开窗通风，保持犬舍空气清洁新鲜，预防呼吸道疾病的发生；天晴暖的时候，要带犬外出活动，晒太阳不仅可取暖，紫外线还有杀菌消毒作用，并能促进钙质吸收，有利于骨骼的生长发育，防止仔犬发生佝偻病。

2.饮食要求

寒冷的气温会引起犬体内热能的大量消耗，因此，冬天的饲料搭配中，应增加奶油、内脏、牛奶及含维生素A和脂肪成分较多的食物，以迅速补充热量，增强犬的抗寒能力。

3.清洁护理

(1)洗澡忌频繁　冬季天气干燥，不必天天洗澡。因为犬的皮脂分泌较慢，频繁洗澡不但会洗掉保护皮肤的皮脂，还会出现脱皮现象。洗澡时，要选用性质比较滋润的洗毛液，还要加上护毛素。洗净擦干身体后，用风力较强的风筒将毛吹干，不可自行将毛风干，以免感冒。使用风筒时要注意用暖风，而且将犬的毛吹至九成干即可，如果用的风太热且将毛完全吹干，洗浴滋润毛发的工作就徒劳了。

(2)用洁耳液清洗耳道　犬双耳需要经常保持清洁，首先在犬洗澡之前，用棉花棒将较浅的耳垢挖出，至于较深层的耳垢，则可用洁耳水或洁耳粉。

(3)修剪脚趾杂毛　犬的趾甲及脚趾毛过长，不只会影响外观，走路时也会有危险，因为脚

趾毛过长，就会步履不稳，容易滑倒。

(4)如果臀部周围的毛过长，看起来凌乱，而且大小便极易沾到被毛上，需定期剪掉肛门附近的杂毛，保持清洁卫生。

(5)冬天天气寒冷，被毛不能剪太短，否则犬会失去天然的御寒屏障。可为小型犬或被毛较短的犬穿上漂亮的薄棉外衣，在外出运动或散步时用来抵御寒冷，同时也是一道靓丽的风景线，为寒冷的冬天增添色彩。

(6)不可将人用香水喷在犬身上。犬的体味有时会很浓烈，特别是冬天洗澡较少，使用人用香水之后可能变得更加难闻。人用香水乙醇成分高，会刺激犬的皮肤，严重的可患上皮肤病。

技能操作 〉〉〉

在对犬进行日常保健护理的过程中，喂药与体温测量是必不可少的，要对犬的正常生理指标有所了解。掌握正确的喂药与体温测量方法不仅能为犬解除伤痛，还能减少犬对此产生的恐惧。

一、喂药

犬的嗅觉灵敏，马上能发现混入食物中的内服药，可以采用以下几种方法饲喂。

(1)喂服药片或胶囊　将药与蜂蜜或奶酪混匀后抹在犬的嘴边，犬会舔食下去；也可以用糯米纸将药卷成小包后喂服；也可用一只手掰开犬嘴，另一只手将药尽量往喉咙深处放，待犬嘴合拢 1～2 s 后再松开手，之后再在犬的鼻尖上吹口气，这时犬本能地会伸出舌头舔舔鼻子，就能让药顺利吞下；或将药放入口腔深处后，一手将嘴合拢，一手轻挠咽喉部，犬本能地咽唾液时即可将药一并吞下(视频 1-9)。

视频 1-9　给犬喂药

(2)喂药水　把犬的头向上抬起，用吸液管将药水从嘴角注入即可。

(3)上眼药水　可将药放在手上藏好，趁犬眼睛微睁时滴入，犬睁大眼睛后药水即可进入眼睛。给犬涂抹眼药膏时，先将犬的眼皮轻轻翻开，再将药膏涂在眼皮内侧，轻揉几下即可。

二、测量体温

给犬测量体温，一般选择测肛门内直肠的温度，一是测起来较为方便，二是直肠的温度最能直接反应犬的体温。测温前将水银温度计中的水银轻甩至 35 ℃刻度以下，并将温度计用酒精棉球消毒后使用。测温时间 5 min 左右。

方法一　让犬站立，一人将犬保定，另一人将犬尾巴向上掀起，将体温计缓缓插入肛门，动作要轻。为了防止犬走动和啃咬温度计，可将温度计尾端用线拴上一个夹子，将夹子夹在犬肛门附近的被毛上，防止温度计脱落。

方法二　让犬躺下或将其抱住，用少量食用油涂在肛门周围起润滑作用，减少犬过于紧张带来的伤痛。插入后应将体温计顶端带水银的部分紧贴于肛门壁的一侧。

平时可经常将手指伸进犬牙和嘴唇之间，随时试探犬的体温与平时有无变化。成年犬正常体温一般为38.5～39 ℃。幼犬体温稍高。

课后思考

1. 幼犬日常保健方法的要点是什么？
2. 母犬妊娠期的清洁保健有哪些注意事项？
3. 犬年老的标志是什么？在日常生活中如何进行护理？
4. 犬的春夏季护理与保健的要点有哪些？并有哪些值得特别注意的事项？
5. 犬中暑的表现特征有哪些？如何护理中暑的犬？

知识拓展

一、肺炎

犬猫肺炎是细支气管和肺的急性或慢性炎症。通常老龄和幼年犬猫易发，多发生在晚秋、冬季和早春。

(1)识病要点　肺炎最初的症状，一般是原发病的症状。病初体温升高40 ℃以上，呈弛张热。犬猫表现精神沉郁、嗜睡、厌食或废食，出现低幅度的深咳嗽，呼吸增数，节律改变。稍加运动，即表现进行性呼吸困难。随病程发展，肺病变区肺泡呼吸音减弱，周围呼吸音增强，有湿性或干性啰音。近期做过麻醉或有呕吐史的，可能患的是吸入性肺炎。霉菌性肺炎一般为慢性经过。

血液检查：细菌性肺炎，白细胞增多，中性粒细胞比例增大，核左移；病毒性肺炎，可能会表现白细胞数减少；寄生虫性肺炎，除嗜酸性粒细胞增多外，粪便中可检出虫卵。X光片也是诊断肺炎的一种较好方法。

(2)发病原因　犬猫肺炎有多种原因。病毒性肺炎，见于犬瘟热病毒、犬腺病毒Ⅰ型和Ⅱ型、犬副流感病毒、疱疹病毒、呼肠病毒、猫杯状病毒等感染。细菌性肺炎，见于衣原体、支原体、链球菌、葡萄球菌、支气管败血鲍特菌等感染。真菌性肺炎见于球孢子菌、芽生菌、组织胞浆菌、隐球菌和曲霉菌等感染。寄生虫性肺炎，见于毛细线虫、类丝虫、猫圆线虫、蛔虫和钩虫的幼虫、弓形虫等感染。异物、外伤、呕吐物、药物、刺激性物质吸入或某些过敏反应等，引起外伤性和异物性肺炎或过敏反应性肺炎。一些化脓性疾病，如子宫炎、乳腺炎等，其病原菌经血液进入肺，引起的肺炎。

(3)防治方法　首先要诊断病因，针对病因治疗是最根本的治疗方法。如细菌性肺炎用抗生素或磺胺类药物治疗，真菌性肺炎用两性霉素B治疗，1.8 mg/kg体重，加入5%葡萄糖溶液中，静脉注射，7 d为一疗程，间隔7 d后再进行下一个疗程。寄生虫肺炎选用驱虫药物治疗。呼吸困难和心脏衰弱时，选用麻黄碱口服，犬每次5～15 mg，猫2～5 mg。氨茶碱，犬猫10 mg/kg体重，口服、肌内注射或静脉注射，1次/8 h。对于呼吸困难引起缺氧的，应给予氧气吸入。厌食者，给予静脉补充液体和营养。预防：可接种疫苗，如犬瘟热、犬腺病毒Ⅱ型、犬副

流感、猫杯状病毒和猫鼻气管炎病毒，以及支原体和支气管败血鲍特菌等疫苗。

二、日射病和热射病

日射病是犬猫头部受到强烈日光直射，引起脑充血和脑实质急性病变，导致中枢神经系统机能障碍。热射病是一种体温高于 41 ℃的多系统性紊乱。

(1)识病要点　病犬猫表现呼吸加快和气喘，兴奋不安，呕吐和腹泻也较多见，可视黏膜潮红到发绀。体温升高，超过 43 ℃后，可引起脑、心脏、肾脏等组织细胞变性，出现心搏增快，呼吸困难，肌肉痉挛，尿少，有的全身有出血斑。严重者昏迷，最后因呼吸抑制而死亡。实验室检验，血液变得浓稠和代谢性酸中毒。

(2)发病原因　日射病是在炎热季节，日光直接照射犬猫头部时间过长引起。热射病是在闷热潮湿季节，把犬猫关在不通风的房间、车内或笼子内时间过长，或在闷热潮湿环境下，执行任务、狩猎、参加竞赛或运输等引起。患有呼吸系统和心血管病以及肥胖的犬猫，对日射病和热射病耐受性都较差。

(3)防治方法　立即把发病犬猫移到阴凉通风处，或浸入凉水中，也可用凉水灌肠，或用酒精涂擦腹下无毛或少毛处。应设法在 10 min 内将体温降下来。静脉输注生理盐水，犬猫 50～150 mL/kg 体重。另外，再加入 5%碳酸氢钠溶液，缓解代谢性酸中毒，也可口服补液盐溶液。犬猫高度兴奋时，可用镇静药物，如氯丙嗪注射液，犬猫 1.1～6.6 mg/kg 体重，肌内注射。呼吸高度困难时，行气管切开术或向气管内插管。

三、流产

流产为妊娠中断，胎儿死亡，或虽然在妊娠任何时期分娩，但胎儿已没有生活能力。

(1)识病要点　在妊娠期间产道有异常的分泌物，比预产期提前阵缩。排出死亡或极弱的胎儿，阴门排出恶露。有时见不到流产的胎儿，因为流产的胎儿常被母犬吃掉。

(2)发病原因　妊娠期管理不善，外力压迫腹部，打架受伤，错误服用不利妊娠药物，如促进子宫收缩药及大量的泻剂、利尿药等。一些传染病，如布鲁氏菌病、结核病等。一些能使机体产生高热的疾病、寄生虫病、中毒病。胎儿发育异常。母体内分泌失调，如甲状腺功能低下，促黄体素分泌不足。产道细菌、真菌感染。饲料中维生素和热量不足等。以上诸因素均可造成母体的流产。

(3)防治方法　妊娠期防止机械性冲击。改善饲养条件，饲喂易消化富含维生素、微量元素的食物。保持日粮中蛋白质的平衡。内分泌紊乱引起的，应用相应的药物，如临床较常见黄体激素缺乏，用黄体酮油剂 5～25 mg，肌内注射。怀疑有感染时，选用有效的抗生素。

四、难产

胎儿的正常分娩受阻称为难产。如处理不当，会引起生殖器官疾病，甚至还有可能造成胎儿、母体的死亡。

(1)识病要点　预产期满，出现分娩预兆，但阵缩和努责次数少，时间短、力量弱、胎儿久不娩出，多为子宫收缩无力。腹部剧烈收缩 1～2 h 后仍未产出。在主动分娩期间超过 4～6 h。阴道内流出黑色的脓性或血性分泌物。怀孕期过长(超过 70 d)。

(2)发病原因　由于平时或怀孕期过多饲喂高蛋白、脂肪性食物，运动量不足，使身体过于肥胖。在分娩时因阵缩和努责微弱而导致难产。配种过早，第一次发情母体身体尚未成熟即妊娠。特别是公犬体格较大，所怀胎儿较大，更易发生分娩困难。母体宫颈、阴门开张不够。母体产道先天性或后天造成骨盆狭窄、畸形等。胎儿胎位不正。死胎。

(3)防治方法　胎儿的位置和姿势正常，产道无障碍，宫颈开张时，首先进行腹壁按摩(经过腹壁对子宫进行轻轻按摩)，如果无效，采用药物疗法助产，催产素 5～10 单位皮下或肌内注射，以 30 min 间隔连注 3 次。同时可用 10%葡萄糖酸钙 3～5 mL 缓慢静注。胎位不正或为死胎时，可用消毒的镊子或钳子轻轻伸入产道或宫腔内助产或夹出死胎。以上方法无效或产道受阻，有全身性疾病，或有严重全身反应时，须立即施行剖宫产术。

知识链接 〉〉〉

1. http://www.ichong123.com/(爱宠网)。
2. http://www.wgpet.com/(窝狗网)。

任务七 卫生消毒与病尸处理

学习目标

1. 学会用堆积发酵和喷洒消毒药水对粪便进行消毒。
2. 学会用掩埋、焚烧等方法对死亡动物尸体进行处理。
3. 掌握犬舍的卫生消毒方法和注意事项。
4. 熟练掌握饲料、饮水的消毒方法。

学习内容

一、犬舍消毒

(一)冲洗及消毒

犬舍在消毒前应先进行冲洗,尤其是床下面、墙壁四角是病原微生物繁殖的温床,不能漏掉。因为药物遇到有机物就与其结合成不溶性化合物,降低药物的消毒效果。在进行犬舍消毒的同时,也要将犬的食盆、水盆、清洁工具以及犬舍周围的排水沟等一并彻底消毒。

(二)消毒时应将犬牵到舍外

消毒剂的浓度达到能杀死病原微生物时,也能损害动物和人的机体。喷药前要将犬牵出,同时施药人员也要做好防护。经一段时间后,用清水冲净地面,除去药剂气味,以免刺激犬的鼻黏膜,影响嗅觉,待地面晾干后再将犬牵回犬舍。

(三)准确掌握药品剂量

任何一种消毒剂的抗菌活性都取决于它与微生物接触的浓度,浓度太低达不到消毒效果,反之,则毒性与刺激性太大,对犬身体有一定的伤害,而且很不经济。另外,药物向病原体内渗透和发生化学反应都需要一定时间,如果时间不到,则影响消毒效果。

(四)掌握好消毒剂的使用温度

一般消毒剂在 16 ℃时才有明显作用,有些药剂要用温水或热水稀释,不仅可以节省药剂,而且可以提高消毒效果。但有些药剂,如碘制剂、次氯酸钠等消毒力则在 20 ℃左右最佳,提高药液温度反而影响药效。

(五)定期更换消毒药剂

长期使用一种药剂,可能使某种病原体产生抗药性,要定期更换不同种类的消毒剂或两种消毒剂合并使用,以达到理想的消毒效果。合并使用消毒剂时,要注意药物间的配伍禁忌。

(六)选择合适的消毒剂

不同病原菌及不同发育阶段的病原菌对不同药剂的敏感性也不同,例如,芽孢体对消毒药的抵抗力比繁殖体要强;革兰氏阳性菌对消毒药的敏感性高于革兰氏阴性菌。因此,对犬舍消毒时要选择合适的消毒剂。

二、饲料及饮水消毒

(一)淀粉类食物的消毒

淀粉类食物喂前应进行熟化处理。为了不影响犬对饲料的适口性及消化吸收,烹调过程中不得夹生或烧糊。

(二)肉类食物的消毒

肉类要求熟制,但为了减少蛋白质损耗,洗肉不能用热水,浸泡的时间也不宜太长,煮熟的时间长短以灭菌、肉熟为度,不应碎烂过火。饲喂时,肉汤要一起喂食。

(三)粮食类的消毒

粮食需用清水将砂土淘净,不必多次过水,如需浸泡膨胀,可在浸泡后将洗米水一起倒入锅内煮熟,以保证养分的充分利用。

(四)蔬菜类的消毒

要先洗后切,并用火煮熟,但不宜煮烂。对块根类的食材如萝卜和薯类等尽量不削皮,以保持丰富的营养成分。

(五)饮水、垫料及辅料器具的消毒

饲养用具应经常清洗、消毒。用过的食具、水盆要及时清洗。食盆、水盆每周要消毒 1 次,每次吃剩的食物要倒掉,不要留在食盆里,以免腐败变质,犬食用后易生病。食具、水盆可用沸水煮 20 min,或用 0.1%新洁尔灭或 2%热碱水浸泡 20 min,也可用强力消毒灵或菌毒清等处理,最后用清水冲干净。

三、犬粪便的消毒

笼舍下面的粪便要及时运出场外,否则时间一长,粪便发酵,散发臭味,有碍卫生,也容易通过粪便传播疾病。运出场外的粪便,至少要离犬舍 100 m 远,粪便上要覆盖一层泥土,进行生物热发酵,以杀死粪便中的微生物和虫卵。发生疫情时,犬的排泄物要及时深埋或焚烧。

四、患病宠物尸体的处理

宠物的排泄物及宠物尸体是一类特殊的“垃圾”，传播疾病，污染环境。患病死亡的宠物尸体，其携带的病原微生物对人类的健康也具有潜在的威胁，如不对其进行严格的无害化处理，很容易造成疾病的传播。

怀疑传染病或死于传染病宠物尸体的“无害化”处理，主要有两种措施，掩埋和焚烧。

(一)掩埋

本法不适用于患有炭疽等芽孢杆菌类疫病，以及牛海绵状脑病、痒病的染疫动物及产品、组织的处理。具体掩埋要求：掩埋地应远离学校、公共场所、居民住宅区、村庄、动物饲养和屠宰场、饮用水源地、河流等地区；掩埋前应对需掩埋的患病动物尸体和患病动物产品进行焚烧处理；掩埋坑底铺 2 cm 厚生石灰；掩埋后需将掩埋土夯实，患病动物尸体和患病动物产品上层应距地表 1.5 m 以上；焚烧后的病尸和动物产品表面，以及掩埋后的地表环境应使用消毒药水喷洒消毒。掩埋是处理宠物尸体的优选方法，简单、便利易行，而且污染小。

(二)焚烧

挖一适当大小的坑，内堆放干柴，放入尸体后再放些干柴，倒上煤油点燃焚烧，直至尸体烧成黑炭为止，并将其掩埋在坑内。建议使用动物尸体焚烧炉处理尸体，减少环境污染。

课后思考

1. 常用的消毒方法和消毒剂有哪些？
2. 合理处理传染病动物尸体的方法有哪些？

知识拓展

一、芽孢

芽孢是某些革兰氏阳性菌在一定条件下，胞浆和核质脱水浓缩，在菌体内形成的一个折光性强、通透性低的圆形或椭圆形的休眠体(图 1-27)。带有芽孢的菌体称为芽孢体，未形成芽孢的菌体称为繁殖体。细菌的芽孢结构多层而且致密，各种理化因子不易渗透，因其含水量少，蛋白质受热不易变性，且芽孢内特有的某些物质使芽孢能耐受高温、辐射、氧化、干燥等的破坏。一般细菌繁殖体经 100 ℃ 30 min 煮沸可被杀灭，但形成芽孢后，可耐受 100 ℃数小时。实际工作中，消毒和灭菌的效果以能否杀灭芽孢为标准。

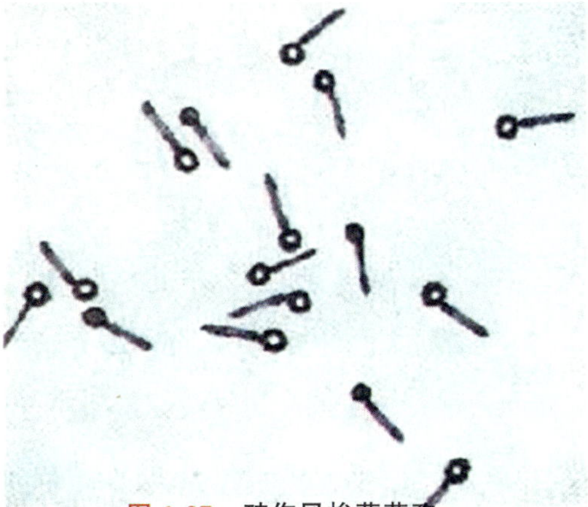

图 1-27　破伤风梭菌芽孢

芽孢不能分裂繁殖，而是细菌抵抗外界不良环境、保存生命的一种休眠状态，在适宜条件下能萌发形成一个新的繁殖体。

二、消毒剂的消毒原理

消毒剂的种类不同，其杀菌作用的原理也不尽相同，具体有如下几种。

(1)使菌体蛋白质变性、凝固及水解　重金属盐类对细菌都有毒性，因重金属离子带正电荷，容易和带负电荷的细菌蛋白质结合，使其变性或沉淀。酸和碱可水解蛋白，中和蛋白的电荷，破坏其胶体稳定性而沉淀。乙醇能使菌体蛋白质变性或凝固，以 75%乙醇的效果最好，浓度过高可使蛋白质表面凝固，反而妨碍乙醇渗入菌体细胞内，影响杀菌效力。醛类能与菌体蛋白质的氨基结合，使蛋白质变性，杀菌作用大于醇类。染料如龙胆紫可嵌入细菌细胞双股 DNA 邻近碱基对中，改变 DNA 分子结构，使细菌生长繁殖受到抑制或死亡。

(2)破坏菌体的酶系统　如高锰酸钾、过氧乙酸、碘酊、漂白粉等氧化剂及重金属离子(汞、银)可与菌体酶蛋白中的—SH 基作用，氧化成为二硫键，从而使酶失去活性，导致细菌代谢机能发生障碍而死亡。

(3)改变菌体细胞壁或胞浆膜的通透性　新洁尔灭等表面活性剂能损伤微生物细胞的胞壁或胞膜，破坏其表面结构，使菌体胞浆内成分漏出细胞外，以致菌体死亡。又如石炭酸、来苏儿等酚类化合物，低浓度时能破坏胞浆膜的通透性，导致菌细胞内物质外渗，呈现抑菌或杀菌作用。高浓度时，则使菌体蛋白质凝固，导致菌体死亡。

最理想的消毒剂应是杀菌力强、价格低、无腐蚀性、能长期保存、对人畜无毒性或毒性较小，易溶解，穿透力强的化学药品。

知识链接 〉〉〉

1. http://www.gbw114.com(中国标准物质网)。
2. 《动物微生物》(李舫主编)。

项目二　宠物猫的卫生保健

任务一　猫的健康保健

学习目标

1. 了解猫的品种分类方法。
2. 了解猫的被毛、骨骼、牙齿的功能结构。
3. 熟练掌握猫的被毛梳理、清洗养护等知识与技能。
4. 熟练掌握猫的眼、耳、齿的清洁与趾甲的修剪技能。

学习内容

一、猫的分类与命名

(一)猫的分类

1. 环境分类法

根据生态环境,猫分为家猫和野猫。家猫是指经人类驯化饲养的猫,野猫是指在山林、沙漠等野外环境中独立生存的野生动物。但家猫和野猫之间无严格的界限,因为家猫的驯化程度并不高,它并不完全地依赖于人类,保留其独立生存的本能,一旦离开人类,便很快适应野外生活而野化。特别是在乡村,有的家猫会几天或几个月不回家,尤其在发情期间,为寻找配偶,有时家猫也会离家出走而成为野猫。

2. 品种分类法

从品种培育的角度,猫分为纯种猫和杂交猫。纯种猫是人为地以某种目的精心培育而成,至少要有四代以上稳定遗传才能成功,这种猫遗传性能比较稳定,仔猫与父母的各种特征很相似。每只猫都有系谱,包括血统证书、品种记录卡、性别、年龄、体型特征等。纯种猫有严格的繁殖程序,绝对禁止与杂交猫交配,以免品种变异。杂交猫是未受人为控制,任其自然繁衍发展的品种,其后代的遗传性很不稳定。即使是同一窝的小猫也会有不同颜色或其他不同的相貌特征。

3.被毛分类法

根据被毛的长短，可以把猫分为长毛种猫、短毛种猫、卷毛猫、无毛猫。长毛种猫是全身覆盖有长而蓬松的被毛为特征，常见的有布偶猫(图 2-1)、波斯猫、巴厘猫、喜马拉雅猫、缅因猫、巴曼猫、安哥拉猫等。短毛种猫是指被毛紧贴肌肤，体型轮廓清晰的猫，有英国短毛猫(图 2-2)、美国短毛猫(图 2-3)、阿比尼西亚猫等。卷毛猫是指全身覆盖着波浪状的被毛，形同搓衣板状，被毛非常短，紧紧伏在身体之上，如柯尼斯卷毛猫。而无毛猫是指身体上几乎没有被毛，如 1966 年在美国培育而成的斯芬克斯无毛猫，又称加拿大无毛猫(图 2-4)。该猫除了在耳朵、四肢、尾巴上有稀少的短毛外，其他部位无毛而皮肤裸露。

图 2-1　布偶猫

图 2-2　英国短毛猫(蓝猫)

图 2-3　美国短毛猫(虎斑猫)

图 2-4　加拿大无毛猫

4.功能分类法

根据猫的功用，可将其分成观赏猫、捕鼠猫和实验用猫。猫具有高超的捕鼠技艺，这与它的生物特性及生理特性是分不开的，它敏锐的视觉，灵敏的听觉，发达的嗅觉、味觉，特殊的感受器(胡须)以及敏捷的运动能力，都足以使它成为捕鼠的天才。猫是十分聪明且通人性的动物，经过主人的细心管理和调教后，更加让人喜爱。猫给人们增加了许多生活趣味，不仅可以替人解闷儿，而且其五彩缤纷的被毛也极具观赏价值，其优美的步履形态也使人非常喜爱，人们常把猫当作伴侣动物去饲养。随着养猫行业的不断发展，英国举行了首次猫展，也就是猫的选美大赛。

猫在医学研究上也很有价值，19 世纪末，猫开始作为实验动物用于医学等方面的研究。在某些方面，猫具有其他实验动物难以取代的特殊作用。因为猫有发达的神经系统、循环系统，并与人类相近，所以在进行这些系统的生理和药理实验时，猫常被选用。如生理学上某种反射活动的研究，药理学中用猫做药物对血压影响的实验，冠状窦血流测定等。近年来，我国用猫进行针刺麻醉原理的研究，效果比较理想。国外每年要用数以万计的猫做实验。为了某种特殊的目的，很多科学家往往注重猫品种的纯化工作，有的还育成了无特定病原体猫，这在医学研究中极其重要。猫为人类的科学实验做出了巨大贡献。

(二)猫的命名

(1)以身体外形特征命名　短尾猫、无尾猫、塌耳猫、无毛猫、卷毛猫、袖珍猫等。

(2)以被毛颜色命名　单色，分为白猫、黑猫、黄猫、蓝猫、红猫、棕猫等；多色，可大致分为色斑猫(被毛颜色呈斑块状，规则或不规则)，如我国的云猫；条纹猫(被毛颜色呈深浅相间的条纹状)，如我国的狸花猫、美国短毛猫等。

(3)以国名或地域名称命名　山东狮子猫、四川简州猫、埃及猫、波斯猫、安哥拉猫、曼克斯岛猫、巴厘岛猫、阿比尼西亚猫、喜马拉雅猫、挪威森林猫等。

二、猫被毛特点与功能

猫的被毛和皮肤是一道坚固的屏障，能防止体内水分的丢失，抵御某些机械性的损伤，如摩擦、冲撞等；保护机体免受有害理化作用的损伤，如较强的酸、碱、紫外线等的伤害作用。另外，皮肤及被毛在寒冷的冬天，具有良好的保温性能，使猫具有较强的御寒能力。在夏天，又是一个大散热器，起到降低体温的作用。

在皮肤里有许多能感受内外环境变化的器官，叫感受器。每种感受器可感觉一种或数种刺激，如冷、热、触、压、痛等。这些感觉在捕获食物和躲避危险等方面具有重要作用。因此，要十分注意皮肤及被毛的保健与护理，保持皮肤清洁，促进被毛的生长，保护皮肤的屏障功能。

(一)毛的形成与生长

(1)毛的形成　毛是从皮肤的毛囊内生长出来的。毛囊呈细长袋状，有两种：一种是只长一根毛的孤立毛囊，另一种是长有多根毛的复合毛囊，猫的毛囊以复合毛囊为主。因此，猫的被毛是很稠密的，大约 200 根/mm^2。

(2)毛的类型　猫的被毛可大致分为针毛和绒毛两种。针毛粗长，绒毛短细而密。绒毛发达的品种抗寒能力强，但梳理被毛较费事。

(3)毛的颜色　由色素物质含量的多少而定，含色素少的毛色浅，反之毛色深。受季节的影响，猫每年都要脱毛。脱毛受光照变化的控制，如果是生活在野外的猫，一年要脱两次毛，春秋各一次。但家养猫，晚上有灯光的照射，脱毛次数要多些，每年 3～4 次。如果是持续不断并且大量掉毛，则可能是一种病态，如寄生虫或过敏性疾病都能引起过度脱毛。

(4)毛的生长速度　与人类毛发生长速度差不多，大约每周平均生长 2 mm。但由于品种不同，毛长到一定长度就不再生长了。

(二)猫皮肤内的腺体

猫皮肤内有皮脂腺和汗腺。皮脂腺的分泌物呈油状,在猫梳理被毛时被涂抹到毛上,使被毛变得光亮、顺滑。猫的汗腺不发达,不像人的汗腺那样积极参与体温的调节,因此,不管天气多热,绝对看不到猫有大汗淋漓的现象。猫的散热是通过皮肤的辐射散热或像犬那样通过呼吸散热,但这种散热的效率比出汗蒸发散热要差,因而,猫虽喜暖,但又怕热。

三、猫的骨骼与牙齿结构

猫的骨骼系统有 230~247 块骨(其中籽骨及人字形骨除外)。其髋骨数目随年龄的不同而异,老猫骨骼的数目由于某些骨块的愈合而减少。

猫的骨骼与兔、犬的骨骼大致相同,现仅介绍头骨、脊柱、肋骨、胸骨及四肢骨等几部分。

(一)头骨

头骨可分为颅骨和面骨两部分。

颅骨包括:成对的顶骨、额骨、颞骨和不成对的枕骨、顶间骨、蝶骨、前蝶骨及筛骨,共 11 块。它们围成颅腔,保护脑髓。

面骨包括成对的上颌骨、前颌骨、腭骨、鼻骨、泪骨、颧骨和 1 块犁骨,共 13 块。它们构成口腔和鼻腔。

(二)脊柱

脊柱包括颈椎、胸椎、腰椎、荐椎和尾椎,共 52~53 枚。颈椎共 7 枚支持头部,第 1 颈椎为环椎,第 2 颈椎为枢椎;胸椎 13 枚,与数目相同的肋骨成关节;腰椎为 7 枚;3 枚荐椎愈合成 1 块荐骨,构成骨盆腔的背侧;尾椎 18~23 枚,支撑尾部。

(三)肋骨与胸骨

肋骨共 13 对,其中真肋 9 对,假肋 4 对(最后 1 对肋骨为浮肋)。

胸骨由 8 个节片骨组成,分为三部分,最前 1 枚胸骨片称为胸骨柄;最后 1 枚称剑胸骨,其末端连有一薄片状软骨,称为剑突;中间 6 枚组成胸骨体。

(四)四肢骨

(1)前肢　包括肩胛骨、锁骨(猫的锁骨已退化成一枚细长而弯曲的小骨,埋藏在肩部前方的肌肉内)、肱骨、桡骨、尺骨以及前足的 7 枚腕骨、5 枚掌骨和 5 枚指骨。

(2)后肢　包括髋骨(由髋骨、坐骨和耻骨愈合而成)、股骨、胫骨、腓骨、膝盖骨。后足有跗骨 7 枚、跖骨 5 枚和趾骨 4 枚。

此外,雄猫还有 1 枚内脏骨,即阴茎骨。

(五)猫牙齿的发育阶段与特点

1.猫牙齿的发育阶段

猫牙齿的生长发育经过两个阶段,即乳齿阶段和永久齿阶段。

(1)乳齿阶段共有 26 颗牙齿。

上颌 6 颗乳切齿,2 颗乳犬齿,6 颗乳前臼齿;

下颌 6 颗乳切齿,2 颗乳犬齿,4 颗乳前臼齿。

(2)永久齿阶段共 30 颗牙齿。

上颌 6 颗切齿,2 颗犬齿,6 颗前臼齿,2 颗后臼齿;

下颌 6 颗切齿,2 颗犬齿,4 颗前臼齿,2 颗后臼齿。

2.猫牙齿的特点

(1)猫的门齿较小,两侧门齿较中央的门齿稍大,上颌门齿比下颌门齿大。每个门齿有一个齿根,齿冠边缘尖锐,有缺口,形成三个片状齿尖。

(2)猫的犬齿较长,强大而尖。在上颌骨及下颌骨埋藏很深。犬齿有一个齿根和一个齿尖,当口关闭时,上犬齿位于下犬齿的后外侧。

(3)上下颌犬齿的后面有一空隙,称牙虚位。牙虚位向后是前臼齿。上颌第一前臼齿较小,第二前臼齿较大,第三前臼齿最大,下颌第一前臼齿与第二前臼齿相似。上下颌的前臼齿(除上颌第一前臼齿外)均具有四个齿尖,中央的一个齿尖较大,且尖锐,有撕裂肉的作用,故称裂齿。上颌的臼齿较小,下颌的臼齿最大,有两个齿尖和两个齿根。

3.猫牙齿生长和换牙的规律

猫牙齿生长和换牙的规律,常可作为猫年龄的鉴定依据。

(1)第一乳切齿:2～3 周长出。

(2)第二乳切齿:3～4 周长出。

(3)第三乳切齿:3～4 周长出。

(4)第一切齿:3.5～4 个月长出(换牙)。

(5)第二切齿:3.5～4 个月长出(换牙)。

(6)第三切齿:4～4.5 个月长出。

(7)乳犬齿:3～4 周长出。

(8)犬齿:5 个月长出(换牙)。

(9)第一乳前臼齿:2 个月(上颌有,下颌无)长出。

(10)第二乳前臼齿:4～6 个月长出。

(11)第三乳前臼齿:4～6 个月长出。

(12)第一前臼齿:4.5～5 个月长出。

(13)第二前臼齿:5～6 个月长出。

(14)第三前臼齿:5～6 个月长出。

(15)第一后臼齿:4～5 个月长出。

猫从出生后第五个月开始换犬齿,这时候掰开猫的嘴巴,常常可以看到猫犬齿部分的牙龈略微发红,这是要长新牙的征兆。再过 1～2 周的时间,可以看到猫的上颌或者下颌有 4 颗犬齿，即同一个犬齿位置上有2颗牙，一颗略显粗大，这就是新长出来的牙。随着新牙的生长，乳犬齿慢慢被顶松、脱落，被猫吐出来。猫处于换牙阶段，可能会食欲不振，这时一方面要注意观察猫嘴巴里的牙齿生长情况，另一方面要为它提供易嚼的食物，以保护新生牙齿。猫的牙齿经过保健和清洁可以延长其使用寿命，同时也可使猫的寿命延长。

四、猫的健康检查

猫一般是比较健康的动物，它们所患的疾病相对较少，并且大多数疾病可以通过免疫得到预防或在兽医的治疗下痊愈，也可以通过饲喂高品质的食物，而使猫获得更长的寿命和拥有健康的生活。

(一)猫的耳朵检查

如果猫很健康，对它的耳朵无须多加注意。检查耳朵里面有无污物，用一个棉球蘸上橄榄油，将污物清除即可。如果耳朵被耳屎堵塞，可以在猫的耳朵外面给予按摩，以缓解堵塞，再将堵塞物取出。另外要根据猫耳的表现症状，判断其患某种疾病。

(1)耳朵周边有皮屑，剧烈瘙痒，多见于疥螨、壁虱寄生。如果猫继续抓搔、甩头、有褐色分泌物，则有耳螨寄生。

(2)用后脚搔耳朵，常为昆虫钻入耳朵、外耳炎等。

(3)耳朵外侧毛稀，后脚搔耳，多为外耳炎、外耳外伤、湿疹、壁虱寄生、过敏症等。

(4)耳有腐臭味，外耳潮湿，有时出现脓状物，多见于外耳外伤、化脓性外耳炎、过敏等。

(5)耳疼，摇头，头倾向肿胀耳朵一侧，耳部有液体聚集，多见于外耳道皮下出血，耳血肿、脓肿。

(6)耳朵不让碰，碰则耳疼，食欲不振，发烧，常为中耳炎、外耳炎。

(7)失去平衡，头部歪斜，走路绕圈，不断眨眼睛，多为内耳疾病，应去就医。

(二)猫的口腔检查

健康猫的牙龈是光滑、粉红色的。牙齿洁白，但要根据猫的年龄来判断猫牙齿的生长发育情况。检查猫的口腔时，先将其口腔打开，根据牙齿是否缺少或破损，颜色是否发黄，牙垢是否存在，是否有异味等口腔的表现症状来判断其健康与否。

(1)唾液多且混有血液，食欲不振，口角抽动，常见于传染病、毒物中毒、口炎、齿间异物等。

(2)口臭厉害，牙龈暗红，尿味强，舌头红褐色，多为齿槽漏脓、牙垢沉着、消化道疾病、肠内寄生虫。

(三)猫的眼睛检查

健康猫的眼睛明亮而清洁，眼周围的污物很容易被擦拭掉。对于猫来说，眼科疾病相对较少，但应注意眼的分泌物、目翳或颜色的改变。定期检查猫的眼睛，如果有红肿、潮红、有浆液状或黏液状的分泌物或可见第三眼睑，说明猫可能有严重的健康问题。如果出现视觉障碍，猫会烦躁不安。通常根据眼睛的症状判断猫的患病情况。

(1)当眼球表面出现白色浑浊，多见于角膜炎、传染性肝炎。

(2)当瞳孔有薄的白色或浓的乳白色或瞳孔深处发绿，则可能患了白内障、绿内障。也可能是因为受伤、感染、糖尿病或遗传缺陷造成的。

(3)当整个眼球肿胀，结膜充血，则是眼睑炎、全眼球炎。

(4)当眼屎多，用前脚抓挠眼睛，很可能患结膜炎、犬瘟热或其他传染病。

(5)眼皮不正常，眼毛稀少，多为眼睑炎。

(6)眼泪多，多见于结膜炎、鼻泪管闭塞、角膜炎。

(7)眼睛怕光，半闭眼，用前脚抓挠眼睛，常见于角膜炎、视神经炎、网膜炎、进行性视网膜萎缩。如果半睁半闭可能是眼中有异物。

(8)抓挠眼睛，但从外部见不到异常，常见于结膜炎、角膜炎、眼睑湿疹。

(9)眼球从眼眶中突出或第三眼睑突出，多为眼睛受创伤。

(四)猫的爪部检查

健康、活跃的猫在行动时不会有任何异样的症状。它的爪子会伸缩自如。而猫在运动的过程中，爪子就会磨损，不会长得过长而影响行动。但是，如果猫年龄过大或者经常被关养在室内，不进行活动，爪子会长得过长，因此养在室内的猫要经常检查猫爪，看是否需要修剪。另外，当猫的脚垫在行动的过程中被异物刺入，会引起猫的疼痛，走路时小心翼翼，不敢快速跑跳，甚至不许人碰。当发现猫走路异常时，可将其放入怀中或保定后，将脚掌抬起，用手指将猫的脚趾逐一分开，看猫是否有异常反应。另外，用手轻按脚爪上的肉垫，看猫是否有疼痛反应或红肿症状，如果猫出现挣扎反抗，说明其肉垫异常，要进一步检查。

(五)猫的鼻子检查

健康猫的鼻子应该是干净、湿润的，鼻头的颜色根据其被毛的颜色而定。通常检查猫的鼻孔周围是否有异物，猫是否打喷嚏、鼻孔通气不畅，或在鼻孔周围有无黄色的分泌物，根据检查症状判断其健康状况。

(1)流水样鼻涕，多见于鼻炎、上呼吸道感染、感冒。

(2)流脓状鼻涕，鼻子干燥，多见于鼻炎、鼻窦炎、某些传染病。

(3)鼻出血，常见于鼻炎、鼻黏膜溃疡、头部跌打损伤等。

(4)不运动时张口呼吸，呼吸时发出鼾声，常见于鼻炎、蓄脓症、溃疡。

(5)鼻上部疼痛，单侧鼓起，见于溃疡、上颚牙龈炎、跌打损伤等。

(六)皮肤与被毛的检查

健康猫行动敏捷，被毛光滑而且富有光泽。用手去抚摸猫的被毛和皮肤，感觉被毛的手感及皮肤是否有突起或下陷；用梳子梳理被毛，看是否在不换毛的季节里大量脱落及皮毛的光泽暗淡或过于"耀眼"；翻开猫的被毛，看是否有抓痕、跳蚤、板块等。检查猫的肛门及外生殖器，看是否有腹泻或生殖道疾病；同时对猫的跛行、肿胀及步伐异常均要注意。

1. 皮肤和被毛疾病

猫容易患几种皮肤瘙痒病，而且不易察觉，因为猫会花大量的时间来吮舔、轻咬并梳整自己的毛。如果猫看上去比平时更频繁地梳整自己的被毛并经常吞吃毛球，或者说有抓、搔及吞吃自己的皮肤迹象时，要引起特别的注意。但通常是等到猫的身上有斑秃、痂疤、脱皮，或者皮肤出现炎症之后，才被发现。

(1)跳蚤是引起猫皮肤瘙痒的常见原因。所有的猫都会因跳蚤叮咬而感到刺痛。有些猫会在跳蚤叮咬的过程中对其唾液产生极度过敏反应,即使只叮咬一下也会引起剧烈瘙痒,伴随着剧烈抓挠和自残。皮毛的颜色变差,皮肤上可见大面积鱼鳞状斑块。

(2)螨虫是另一种引起猫皮肤刺痛的原因,具有高度的传染性,并且也会叮咬人类。猫常常有皮疹,皮肤呈鱼鳞状(皮肤屑),特别是颈部周围和背部。耳螨多影响未成年猫的耳朵。这种寄生虫能引起病猫猛烈摇头,抓耳朵,排泄黑色、像蜡一样的物质,有时候还会扩散到身体的其他部位,引发全身刺痛的症状。

(3)皮肤过敏　在许多情况下猫的皮肤发痒是由过敏反应引起的。猫通过不断舔、咬受影响部位,出现皮肤发炎并引起疼痛。猫的过敏原包括灰尘、尘螨等吸入性物质、特定食物以及跳蚤的叮咬或其皮肤接触到的化学物质。有些猫对防跳蚤项圈里面的杀虫剂产生过敏。出现此种情况,通常需要做皮下测试、血液检查或者让猫试吃低变应原性的食物,根据结果改变猫的膳食结构,并让其服用消炎药物。

2.被毛状态不好

无论是长毛猫还是短毛猫,正常情况下被毛平滑、富有光泽,并且很整洁。当猫粮中缺乏某种特定营养成分时,被毛粗糙凌乱、无光泽。如果老龄猫被毛状态不佳,主要是由甲状腺分泌过多引起,特别是食欲亢进的猫应尽快到宠物医院就诊。有口腔疾病的猫可能会完全停止梳理自己的被毛,从而使毛的颜色变暗、不整洁,此时应该注意检查猫是否有流涎、牙龈炎症或牙齿松动,如果有上述病症应及时带猫到宠物医院进行健康检查。

梳理猫被毛时应该特别注意检查猫的后躯及四肢内侧是否有毛结,毛结不及时梳开可能会引起皮肤病,导致皮肤瘙痒疼痛。如果用针梳不能将毛结梳开,可以用开结刀缓慢剪开,此时应细心操作避免伤及猫的皮肤。用温水将发炎皮肤洗净、擦干,抹擦中性药膏,并及时到宠物医院做猫癣、疥螨、蠕形螨等皮肤病检查。

3.被毛脱落

每年春秋两季,是猫死毛脱落最严重的季节,部分长毛猫还有季节性打结的现象。有时猫也会因为近期受到应激或精神刺激,例如生病、手术或者家中其他犬猫的骚扰等,而大量脱毛。有些雌猫在怀孕或哺乳期也会掉毛。因过敏而抓挠或患有真菌病、寄生虫病也会引起脱毛,此种病因很容易被忽视。仔细检查猫的皮肤有没有跳蚤或者跳蚤排泄物、皮疹或皮肤屑,如果有上述情况应及时到宠物医院做检查,并采取相应的防治措施。一般情况下猫的被毛会在1～2个月后重新长出来。

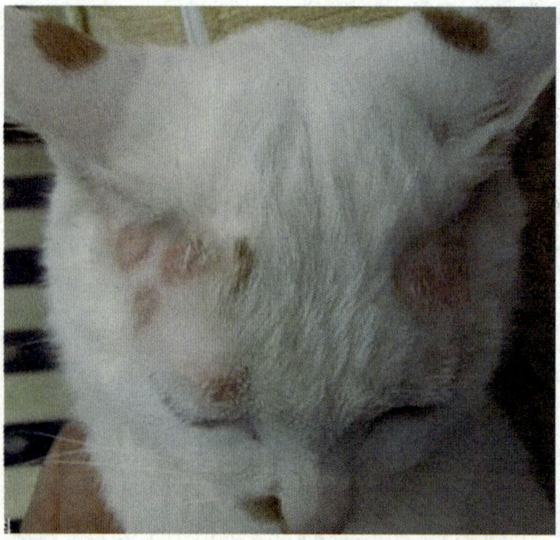

图 2-5　圆形脱毛斑

4.癣菌病

猫毛成片脱落的一个常见原因是猫患有癣菌病(皮癣)。这是一种具有高度接触性的真菌感染,小猫和长毛猫最为常见。由于真菌而形成的斑块常常呈圆形(图 2-5),头、耳、爪和背部是最可能患此病的部位。癣菌病通过接触能轻易传染给同群的猫犬和人，是一种人畜共患病。如果发现猫身上有圆形斑秃，应及时带猫就医。同时对猫的床铺、篮子和食碗进行检查，以确保感染不会扩散。千万不能让孩子与受感染的猫一起玩耍。

5. 皮肤肉瘤和肿块

在给猫梳毛或抚摸猫的时候应注意检查猫皮肤上是否有肉瘤和肿块。很多病因都能引起猫皮肤肿块，而且肿块的大小、触感和外形差异很大。有些肿块大而软，有些则小而硬。有时皮肤上只有一个肿块，有时则可能一片皮肤上有多个细小的肿块分布。有些肿块触诊坚硬，溃烂后流出脓液或血液。有时皮肤形成斑秃且呈鱼鳞状，使猫痒感和疼痛感明显增强。有些肿块必须经过实验室检查，并结合病史调查才能确诊。

猫皮肤上的单个肿块很容易被主人或饲养员忽视。例如，因被咬伤、抓伤发炎而导致脓肿或溃疡会在猫打架之后几天才出现。能摸到猫皮肤上有一个肿块，面部、尾巴上比较多见，触诊有湿热感，且猫疼痛感明显。猫看起来畏首畏尾，并且食欲废绝。如果脓疮在腿上，猫可能会出现跛行，脓疮破裂后流出脓液。

皮肤肉瘤和肿瘤很难分辨。小而坚硬的肿块、炎症性肿胀可能是寄生虫感染引起的过敏反应，特别是跳蚤之类的外寄生虫，有些宠物对海鲜类食物也会产生过敏反应。另外，弓形虫包囊、肿瘤、真菌、细菌或病毒感染、嵌入皮肤中的荆棘等异物，也很容易引起皮肤肉瘤和肿块。应及时就医确定病因，及早采取综合性治疗措施。

6. 癌变的肉瘤

鳞状细胞瘤是最常见的一种皮肤癌，通常发生于经常暴露在太阳光下的部位，如耳朵、眼皮、鼻子和嘴唇，一般白毛、且皮肤大面积褪色的猫最常发生。病初皮肤发红，如同被太阳暴晒的皮肤，随后发展为脱皮和小肉瘤，结硬皮、溃烂。

有些雌性猫身上还会出现乳房肉瘤。猫乳房部位一旦发现肉瘤应立即就诊。未做绝育手术的雌性猫，恶性乳房肉瘤的概率更高；第一次发情后切除卵巢和子宫的雌猫，患乳房肉瘤的概率比较小。乳腺癌的癌细胞扩散迅速，而且容易复发，在患病初期进行外科摘除术或化学疗法进行治疗，能使病情得到有效控制。长期服用激素的雌性猫，乳房上容易形成囊肿，应注意与乳房肉瘤辨别。

五、猫体温测量的方法与正常生理指标

1. 猫的体温测量方法

助手将猫站立保定到桌面上。操作者右手将体温计的读数用力甩至 35.0 ℃以下，用液体石蜡或植物油润滑体温计的玻璃球管。左手提起猫的尾巴，将体温计慢慢捻转插入肛门内 2 cm 左右。轻轻地使体温计倾斜一定角度，以便球管可接触到直肠壁。3～5 min 后轻轻抽出体温计，用干棉球擦净后读数。

2. 猫的正常生理指标

猫的寿命大约 15 年左右，长寿者可高达 30 年以上。

性成熟年龄 7～14 个月（公猫：8 个月，母猫：7 个月，短毛猫较早，长毛猫较迟）。

平均性周期 14 d。

最佳繁殖年龄公猫：12 月龄，母猫：10 月龄。

平均妊娠期 63 d(60～68 d)；平均产仔数 4 只(1～6 只，高产有记录的 13 只)。

哺乳期 2 个月；新生猫平均体重 112 g。

体温(肛门探测)39～39.5 ℃，腋下 37～38.5 ℃。

呼吸 15～32 次/min；心跳 120～140 次/min，小猫较快 168 次/min。

尿量＞200 mL/d；尿液 pH 6.5～7.0。

血量约为体重的 1/20。

成年猫采食干猫粮约 70 g/d。

技能操作 ›››

一、猫的被毛梳理与清洁

操作目的　正确进行猫的被毛梳理与清洗，促进皮毛健康成长，保持被毛的光亮与清洁。能正确地保定猫，为其洗澡、吹干。

梳理、清洗工具

(1)梳理长毛猫常用工具　刮刷、针刷和鬃刷、钢丝刷、牙刷、密齿和稀齿梳子等。

(2)梳理短毛猫常用工具　密齿梳子、软猪鬃刷、橡胶刷、油鞣革巾等。

(3)洗澡工具　浴盆、美容台、洗毛液、吸水毛巾、吹风机等。

操作步骤

1. 长毛猫梳理方法

(1)用稀齿梳子清除皮屑，梳理缠结的毛，一旦梳通，改用密齿梳子梳理。

(2)用钢丝刷清除所有脱落的毛，要特别认真梳理臀部。

(3)往毛里撒些爽身粉或漂白粉，不要立即将粉刷掉，这样可使被毛蓬松，增加丰满感，而且有助于将被毛分开。

(4)用密齿梳子向上梳毛，把颈部周围脱落的毛梳掉，以便形成颈毛。

(5)用一把牙刷轻刷猫脸部的短毛，当心别靠猫眼太近。

(6)最后用稀齿梳子重复第四个步骤，以便使毛分开，并有助于使毛竖起来。对于将要参加展览的猫，用修饰刷使尾部的毛蓬松光滑。

2. 短毛猫梳理方法

(1)用一把钢丝刷或金属密齿梳，顺着毛由头部向尾部往下梳。同时查看有无黑色发亮的小粒，有可能是跳蚤。

(2)用一把橡胶刷，沿着毛的方向刷。如果是卷毛猫，这种刷子不可少，因为不会抓破表皮。

(3)梳刷完毕后，涂些月桂油促进剂，可以清除毛上的油脂，使毛色光亮。

(4)最后，为了使短毛猫的毛显出光泽，尤其是即将参加展览之前，可用一块绸子、丝绒或鹿皮把被毛“磨亮”，也可用干净的手顺着毛的方向轻轻按摩，以保持毛的光泽。

3. 猫的洗澡方法(根据实际情况任选一种)

(1)干洗　如果猫特别害怕用水洗澡,可用干洗方法给猫清理被毛和皮肤。干洗方法只适用于不太脏的短毛猫,用专用干洗剂进行洗浴。

(2)擦洗　两手用热水或冷水沾湿,先从猫的头部逆着毛抚摸 2～3 次,然后顺着毛按摩它的头部、背部、两肋、腹部,把附着的污垢和脱落的毛清除掉。也可以选用宠物商店出售的免洗香波,取少量放入手中,先在猫的被毛上涂抹揉搓,后用干净的毛刷轻轻刷拭,特别脏的地方更要细心刷拭。平常猫不喜欢人碰的腹部和脚爪也要认真刷拭。擦遍全身后,快速仔细地用毛巾或纸巾将猫身上的水分擦掉,注意保暖,最好是在家里温暖的地方进行,冬天要在有暖气的屋里为其擦拭,再用吹风机吹干,以免猫受凉感冒。如果猫讨厌吹风机,可以把猫装在笼子里远远地对它吹暖风。等猫的毛完全干燥以后,从头到尾再刷拭一遍,别忘了胸部和腹部。

(3)水洗　洗澡前,用脱脂棉球将猫的耳朵塞上,防止水进入耳道。调节水温至 30～40 ℃。从背部开始依次冲淋,最后冲洗头部。按照颈、胸、头的顺序抹上洗毛液,用指尖轻轻搓洗,等起泡后,再细心地洗屁股、爪子。按颈、胸、尾、头的顺序用淋浴器清洗干净泡沫。洗净后,把猫从洗浴盆中提出来,用吸水毛巾包好,再用棉球蘸温水给猫洗脸,并将猫放在温和的地方。如果猫不害怕吹风机,可以用来给猫吹干,当心不要把毛烤焦。毛吹干后,轻轻地进行梳理和刷毛。

注意事项

①给猫梳理被毛要从小开始,并定期进行,使猫养成习惯。6 月龄以内的小猫很容易得病,一般不要洗澡,猫的精神状况不佳时也不要洗澡,以免洗澡后因感冒加重病情。对长毛猫,洗澡前要先梳理几遍被毛,以清除脱落的毛,防止洗澡时造成缠结,以致要花更多时间进行整理。

②给猫洗澡前应把所有的门窗关好,以防猫逃跑。洗澡最好用木盆,如果没有木盆,用其他材质的盆时,可在盆内铺一个胶皮垫,猫站在上面不会滑动。猫由于害怕洗澡而无法洗澡时,可把猫放进袋子里浸入水中,主人可在袋外用手揉猫的被毛,最后再用清水冲洗被毛。

③洗澡时要尽量防止水进入耳内,一旦发现有水进入,应用脱脂棉球擦干。为避免眼睛受刺激,可将眼药挤入眼内少许,有预防和保护眼睛的作用。

④猫的洗澡次数不宜太多,一般以每月 2～3 次为宜。猫皮肤和被毛的弹性、光泽都由皮肤分泌的皮脂来维持,如果洗澡次数太多,皮脂大量丧失,被毛就会变得粗糙、脆而无光泽、易断裂,皮肤弹性降低,甚至会诱发皮肤干裂等,影响猫的美观。白色猫需要洗澡的次数比其他色的猫多些。

二、寄生虫的清除

操作目的　学会检查皮肤及被毛中的寄生虫,并能采取相应的清理措施。

操作方法

1. 检查

把猫床上的铺垫物放在湿的白毛巾上敲打,就能知道猫身上是否有跳蚤。另外,如果猫睡觉的地方出现一些黑色颗粒的话,取一颗放在卫生纸上,滴一滴水,润湿的地方如果呈红色,则表明这是吸了猫血的跳蚤的粪便。用密齿梳梳理猫毛时，可能会有跳蚤卡在梳齿里。这时不要把它碾死，而要黏在胶条上或是放在溶有洗涤剂的水里杀死。碾死的话，跳蚤体内的绦虫卵就会飞出来，还会被猫舔食到体内。

2. 清除跳蚤的方法

（1）家中要进行彻底清洁　经常用吸尘器清理床、地毯和猫的被褥，以减少家中的虫卵和幼虫，在吸尘器里放置一个驱虫项圈以确保杀死跳蚤。特别是屋里的角落、木地板的边缘、地毯、毛毯等要细心清理。

（2）利用杀虫剂　一些喷雾剂能杀死成虫或它含有的生物制剂能防止虫卵孵出，将其应用于地毯、毛毯、墙边、家具上，可以在一定的时间内生效。不过，杀虫剂对人和猫都有害，有小孩和幼猫的家里最好不用。灭蚤项圈并非总是有效，有时还会引起猫颈部皮肤的炎症。口服药是控制跳蚤的安全有效方法，口服药通过阻止跳蚤卵的发育而达到治疗的目的。每月给予少量的液体药物，能使跳蚤失去生育能力，虫卵不能孵出幼虫，跳蚤将会减少甚至消失。但这种药不能杀死成虫，需要在治疗的初期同时应用杀灭成虫的药物。

（3）保持猫身体的清洁　用专门杀跳蚤的洗毛剂和保健液来清除跳蚤。洗的时候，从头开始一点一点地洗起，让跳蚤无路可逃。不喜欢洗澡的猫，给它用跳蚤粉。方法是分开有跳蚤的耳后、腹部、腿根处的毛，把手插入洒上跳蚤粉，然后用毛刷梳理。

（4）白虱是一种体型很小，呈浅黄褐色的昆虫，它在猫的被毛和皮肤上缓慢活动，远不像跳蚤那么常见。白虱终生寄宿在猫的身上，在毛里产卵。治跳蚤药剂通常也能杀白虱。

（5）扁虱是一种类似于蜘蛛的细小生物，以植物的汁液为食，随着猫路过而进入猫的被毛里，然后紧贴在猫的皮肤上。要定期给猫使用保护性洗液、喷雾剂或特制药物治疗。

（6）螨虫小到几乎不能用裸眼看到，通过动物之间的直接接触传播，在猫的皮肤和耳道的内侧部位吸食猫的血液，引起猫的皮肤脱落产生刺痛感。可以用洗浴剂、喷雾剂或滴耳液来治疗。

三、猫的眼、耳、口、趾甲的保健

操作目的　掌握猫眼睛、耳朵、口腔、牙齿的清洁与护理，修剪趾甲等健康护理技术。

操作材料　趾甲剪、止血粉、洗眼水、洗耳水、脱脂棉或棉签、拔耳毛钳、宠物用牙膏、牙刷等。

方法步骤

1. 修剪趾甲

①首先把猫放到膝盖上，从后面抱住。轻轻挤压趾甲根后面的脚掌，趾甲便会伸出来。

②用锋利的趾甲剪剪去白色的脚爪尖，小心不要剪到脚爪下的肉。

2. 清洁耳朵

①检查耳朵，看看有无发炎的迹象。

②用蘸有婴儿油的棉球将耳内的污垢擦干净。应以转圈的方式用棉球为猫清洁耳朵，绝不可以将棉签伸入耳中心。擦拭时需要助手保定猫的头部，防止在操作过程中猫的头部摆动时伤到耳朵，操作者一只手将猫的耳廓翻开，另一只手用棉球擦拭耳朵。动作要轻，先外后内，

给猫以舒适感。如果猫习惯了，则不需要助手保定，一人便可完成操作，让猫侧躺在操作台上，一只手保定，另一只手操作即可。

③如果长毛猫耳道内的耳毛过长，会黏有耳道分泌物及灰尘，阻塞耳道影响听力，甚至污物积存过多会引起中耳炎。为此可将过多的耳毛拔除，操作的方法是：首先将猫保定，将适量耳毛粉倒入猫的耳内，轻揉，待耳毛粉分布均匀后，用止血钳夹住少量的毛用力快速拔出，先拔外侧，后拔内侧，给猫一个适应的过程，这种操作最好一次性完成，可减少猫的紧张感与疼痛感。

3. 清洁眼睛

①一只健康的猫，并不需要太注意它的眼睛。如果发现有分泌物，应用棉球蘸水清洗干净。

②轻轻地用棉球擦洗眼睛的周围部分，不可用同一棉球清洗两只眼睛，以免传染。小心不要碰到猫的眼球。

③用棉球或纸巾抹干眼睛周围的毛。若是长毛猫，其眼角的污渍也要用棉球擦干净。

4. 清洁牙齿

①猫从小就要训练用手抚弄它的牙齿，可以在手指上缠上清洁的纱布或用棉签，蘸上淡盐水擦拭它的牙齿及按摩牙床，使其习惯被刷拭口腔。

②可以用猫专用牙刷、宠物专用牙膏为其清洁牙齿，每周清洗一次。为猫刷牙时需要一人保定，另一人将适量的牙膏涂在牙刷上，让猫嗅一下牙膏的味道，使它习惯。刷牙的时间不宜过长，清洁时用力要轻柔，将牙齿上下左右全部刷拭一遍，刷拭结束后，用清洁的纱布将口腔内的牙膏等残留物擦拭干净。

③经常喂一些干硬的食物，饭后喝点水，可起到预防牙垢和牙龈疾病的作用。还可以为猫准备一定的棉绳或剑麻类玩具，通过啃咬来清洁牙齿。

注意事项

①不要忘记剪“拇指”（在前腿的内侧）。有的猫在两只脚上分别有6～7个脚趾。只要剪尖端的趾甲，一般是白色的，避免剪到粉红色的部分。趾甲根处呈粉色的部分有血管通过，所以不要剪过血线，以防出血。如果出血，可用止血粉止血。

②当猫放松的时候是剪趾甲最佳时机，比如小猫睡醒后。最好的方式是操作者的两只手都参与剪趾甲的过程，一只手抓住猫并使其安静，另一只手给它剪，动作要快。如果在修剪的过程中猫出现烦躁不安时，即使没剪完，也放它走，等它安静后再继续剪。或者边剪边陪它玩耍，并给予奖励，这样它会对剪趾甲产生好感。

③猫的趾甲要人为修剪，前爪每两周修剪1次，后爪3～4周修剪1次，要用猫专用的趾甲钳进行修剪。最好在洗澡前给猫剪趾甲。

④猫耳朵、眼睛的结构十分精细、脆弱，必须非常小心地处理。

⑤不能随便剪掉猫的胡须，但是对于折断的胡须可以拔除。拔的时候，用一只手托住猫的下颌，并用手指摁住应拔的胡须，另一只手的拇指和食指快速将其拔除。下颌的毛，在猫吃食的时候很容易受到污染，特别是食用流食时，如果不注意清理，干燥后易形成结痂样的块状物，既影响美观，又易滋生细菌，出现这种情况时，应当使用脱脂棉蘸水进行擦洗。

⑥在跳蚤很多的时候要隔 2～3 d 洒 1 次除蚤水，不能每天都洒。不论内服还是外用药，猫都有可能不适应，要先咨询再使用。

课后思考

1. 通过检查哪些部位来判断猫健康状况？
2. 如何给猫进行体温测量？其正常的体温是多少？
3. 猫的保健护理工具有哪些？应如何正确使用与保养？
4. 如何梳理长毛猫的被毛？梳理被毛的好处有哪些？
5. 如何清除猫身上的寄生虫？有哪些注意事项？
6. 给猫洗澡的方法有哪些？每种洗澡的操作要点是什么？同时适用于哪种类型的猫？

知识拓展

一、猫展

近年来，我国养猫热持续升温。随着猫的数量和品种不断增加，各地纷纷举办不同形式的猫展。由于这项活动在我国刚刚兴起，人们对猫展的知识缺乏了解，以致猫展的参与范围有限，主办者也缺乏经验，未能充分展示我国丰富多彩的猫品种资源。世界各个爱猫组织每年都会在各地举办规模各不相同的猫展。虽然规模各异，但规则和奖项大同小异。而且参赛猫一般都是本猫会的注册会员。

(1)猫展的目的　一是展示新品种猫；二是猫的选美大赛。一般来说，每个品种的猫都具有不同于其他品种猫的特征。这些品种特征通常都有一个规定的标准(即各国养猫协会认定的标准)。猫展基本上是在寻求每个品种或等级的高质量的典范。

(2)猫展的类型　可分为全品种猫展和特种猫展。全品种猫展是把不同品种的猫分成等级再进行评判；而特种猫展则多半局限于长毛猫或短毛猫的范围。比赛一般分为成猫组、幼猫组、绝育猫组和家猫组，而其中最为重要且引人注目的是成猫各品种的冠军赛和最后全场的冠军赛。幼猫一般是指 8 个月以内的小猫，8～14 个月属于大幼猫组，14 个月以上算成猫。在猫只多的品种比赛时会设立单独展，分幼猫展、大幼猫展和成猫展。

二、猫的保定

通常在对猫进行保健与护理的过程中，要注意对猫的控制，防止被猫抓伤、咬伤，同时防止猫受伤。因此，要对猫采取一定的保定措施。常用的方法有以下几种。

(1)猫袋保定法　猫袋可自制或购买专业用的，一般是由质量较好的帆布制成。选用与猫体大小相同的猫袋，将猫从开口端装进去，另一头用猫袋绳拉紧。需要露头或臀部由袋口和绳子控制。

(2)站立保定 让猫站立于操作台上，一人用手固定好猫的头颈部，一人用手固定猫的四肢。

(3)侧卧保定 将猫侧卧于操作台上或操作者的身上，在固定好猫的头颈部的同时还要固定好四肢，防止其挣扎影响操作，甚至抓伤工作人员。

三、抓猫的方法

抓猫不是一件普通的事情，如果不注意容易被猫抓伤或使猫受伤。抓猫时，要先和猫亲近一下，轻轻拍拍猫的脑门，抚摸猫的背部，然后，一只手抓起猫颈部或背部的皮肤，另一只手迅速地去抱住猫或托住猫的臀部，再用手轻轻地抚摸猫的头部，尽快使其安静下来。如果是小猫，用一只手抓住颈部或背部的皮肤，轻轻提起即可或双手呈摇篮状托起它的整个身体。如果是怀孕的母猫，要倍加注意，动作要轻柔，轻拿轻放，将整个猫抱入怀中，将猫爪放在臂弯中或将猫爪搭在肩上托起其身体的后部。千万不能抓耳朵、揪尾巴或四肢，否则很容易被猫抓伤或咬伤。让猫逐渐习惯于被陌生人抓起来，受陌生人的关注。

四、猫皮肤真菌病

猫皮肤真菌病又称“癣”，是比较常见的皮肤病，病情顽固，可以造成交叉感染。病原微生物是嗜角质真菌，广泛存在于全世界。但是各地的流行病学和发病表现，以及感染物种差异较大。温暖潮湿的环境更适合癣菌感染。

(1)识病要点 患有皮肤真菌病的猫常常表现为剧痒，其外观多种多样，一般有不同程度的脱屑、脱毛和结痂。被毛变脆、毛干易断、毛根易脱。毛根萎缩，在显微镜下可见其呈高粱穗样，附有多量竹叶状小孢子。毛干呈管套状，周围包裹着致密的孢子。严重的表现为大面积脱毛，皮肤上可见红疹，脱毛区覆盖着油性结痂，刮去痂皮裸露潮红或溃烂的表皮。

猫癣临床表现最典型的是环形病变，圆形脱毛斑在向外扩散的同时，中心已经开始愈合，脱毛斑边缘可见结痂。毛囊脓肿即使存在也是转瞬即逝。毛囊丘疹经常出现。但不规则的脱毛斑经常是唯一可见的症状。感染被毛断裂，参差不齐，毛茬可能变粗。长毛猫感染真菌时，脱毛及其他症状通常非常轻微。皮屑和结痂有时没有，有时很严重。刮取皮屑镜检发现菌丝和孢子即可诊断。

(2)发病原因 发病和携带小孢子菌的猫是主要的传染源，传染方式是直接传染或者通过皮屑及污染物间接传染，是最常见的人畜共患病。当发生白血病或猫免疫缺陷病毒感染时，猫的免疫力低下更易出现病情重、病程长和全身性的真菌病。石膏样小孢子菌主要存在于土壤中，感染多见于趾部的皮肤损伤。须毛癣菌是啮齿动物和兔子皮肤癣菌病的主要病原，啮齿动物、宠物和兔是主要的传染源。

(3)防治方法 发病猫及时隔离治疗。灰黄霉素 25～50 mg/kg 体重，分 2～3 次口服，连服 3～5 周。在用全身疗法的同时，患部剪毛，涂抹制霉菌素或多聚醛制霉菌素钠软膏。预防：搞好猫皮肤清洁卫生，经常检查被毛有无癣斑和鳞屑；加强对犬的管理，避免与病犬接触。

知识链接 〉〉〉

1. http：//www. chinapetfair. com/（CPF 国际宠博会）。
2. http：//www. szcat. org/info/list-8-1. aspx（深圳猫网）。
3. http：//www. catcat. me/（深圳名猫网）。
4. https：//m. ichong123. com/maomao（爱宠网）。

任务二　猫的日常保健

学习目标

1. 了解养猫需要准备的用具。
2. 掌握不同季节对猫进行合理护理与保健的方法。
3. 掌握不同生理阶段猫的护理要点。
4. 掌握猫不良行为纠正与运动保健的方法。
5. 掌握猫的免疫防疫方法。

学习内容

一、养猫需要准备的基本用具

(一)猫窝

猫窝大体上分两种,屋形和盆形。大部分猫睡觉时还是最喜欢有顶的屋形窝,无顶的盆形窝大多用于平时躺下休息。宠物店专卖的屋形猫窝外形类似旅行帐篷,整体呈锥形,开门处也有一定的倾斜角度。因为猫是很机警的动物,这样的窝起到开阔视野的作用,可以消除猫的急促紧张和不安全感。必要时最好两种窝各准备一个,这样会使猫感到舒适放松,保持心情愉快。不愿意购买专用猫窝的,也可以用废纸箱子挖个门改装一下即可。

(二)猫厕所

猫厕所也叫猫砂盆,就是猫大小便的地方。猫厕所为屋形或盆形。现在用盆形的(砂盆)比较普遍。宠物店专卖的猫砂盆边缘处有一圈向内扣的沿,作用是防止猫进出时带出盆里的砂子。屋形的猫厕所是全封闭式的,顶部有活性炭过滤装置,而且还加了半透明的双向活动门,猫进出时几乎不会有砂子带出来。猫砂有很多种,有高吸收性的漂白土,还有一些压碎的木屑小球,要根据需要选择合适的猫砂。猫砂使用一段时间会被污染,形成固体的小团球,可用铲子铲走,其余的猫砂仍可继续使用,但应每周彻底清理一次。

(三)猫餐具

猫餐具包括食盆和水盆。通常猫对自己的餐具非常敏感,猫的餐具最好在它的一生中都不要更换。有的猫在换了食盆的情况下会发生拒食或消化不良,尤其是老年猫,突然更换餐具会感到非常紧张,影响健康。所以要在一开始就选择坚固耐用,并且足够容量的餐具。尖脸的猫（如暹罗猫，美国短毛猫等）喜欢碗口小而深的碗；圆脸的猫（如英国短毛猫，金吉拉猫等）喜欢大口的碗；平脸的猫（如波斯猫，异国短毛猫等）最好用盘子。用碗装水易弄湿猫的下巴和脸颊。重的釉质食盆比塑料的好，便于清洗且不易被猫踢翻。

（四）猫玩具

猫每天都要磨趾甲，准备一专用猫抓板，以减少它抓沙发的概率。宠物店可提供各种各样的猫抓板，也可以用根基牢固的圆木加工而成，确保有足够的高度，便于猫充分伸展和爬上爬下。猫最喜欢和它一样有毛的小玩具，尤其是幼猫。玩具不需要很精致，简单的毛线球、钥匙链、纸团均可。

（五）运猫工具

理想的运猫工具应该坚固、安全、便于清洗，而且应该足够装下一只成年猫，同时要质轻，便于携带，有良好的通风性能。能够让猫从里面看到外面，不会感到自己被困。猫的一生中总要出行，比如去医院、搬家。专用的航空箱会比布袋子和纸箱舒服很多，携带方便，空运也可以。航空箱可根据猫只大小选择合适的使用。

（1）篮笼　由包有塑料外皮的铁丝制成，尖端平滑，上端为打开的盖，这样猫可以被方便地放入其中，并将盖子闭合。

（2）轻型塑料笼　侧面开门，可以让猫由内看到外面，给猫以安全感，同时也能让它轻松进出其中。

（3）布制运输笼　便于携带，且安全舒适耐用，给猫以安全感，同时有出气孔，猫能看到外面。

（4）柳条笼　外形美观，不易清扫。只适用于温顺的猫，因为它只靠门上的一条皮带关闭。

二、季节性保健

猫是一种怕热、喜暖的动物，对寒冷有一定的抵抗力。猫体表缺乏汗腺，体热不易排出，特别是波斯猫等长毛品种，被毛长而密实，体热不易散失，因此要注意饲养环境的温度和湿度。一般来说，猫可在气温 18～29 ℃和相对湿度 40%～70%的条件下正常生活，但其最适气温为 20～26 ℃，最适相对湿度为 50%。气温超过 36 ℃可影响猫的食欲，体质下降，容易诱发疾病。各个季节的气温不同，猫的生理状态也不同，在管理上因季节而异。

（一）春季保健

（1）发情期保健　猫虽一年四季都可发情，但以早春（2—3 月）发情者居多，由于发情母猫的活动增加，精神兴奋，表现不安，食欲减少，在夜间发出比平时粗大的鸣叫声，随地排尿，以此来招引公猫。公猫也外出游荡，并常为争夺配偶而打架，造成外伤。如果猫到了配种的年龄，要注意选择优良的种猫与之相配，防止猫偷配、乱配。

（2）怀孕母猫的保健　最好将配种后的母猫关在室内，防止其与别的猫打架或乱配，造成流产。如果是不需配种的母猫和公猫，为了减少不必要的麻烦，绝育是最佳选择。

（3）清洁保健　春季也是换毛季节，故应注意给猫勤梳被毛，定期洗澡，以防体外寄生虫和

发生皮肤病。

(二)夏季保健

(1)防暑　尤其是饲养长毛品种的猫,在高温潮湿的夏季易发生中暑。因此,夏季应将猫窝放在背阴通风凉爽的地方。

(2)饮食保健　夏季的自制猫食应经过加热处理,以新鲜的熟食为宜。每次喂食量不宜过多,以免剩余变质。最佳的饮食应以出售的商品猫粮为主,既能保证猫的营养需求,又利于保存和携带。

(3)清洁美容保健　夏季气候炎热,是寄生虫滋生的季节,猫易患皮肤病。要定期洗澡、梳理,对于长毛品种可适当修剪被毛以适应炎热的夏季,保持猫清洁与靓丽的外表。

(三)秋季保健

(1)饮食保健　此季节秋高气爽、气候宜人,猫的食欲旺盛,需要摄入更多的能量以满足母猫的妊娠与生产需求,同时也为过冬而准备。

(2)被毛梳理　为了迎接寒冬的来临和适应早晚气温的变化,猫的被毛开始逐渐增厚,为了刺激被毛的生长、新老被毛的交替更换,提供营养均衡的饮食,并增加饮食中的脂肪含量。

(3)繁殖期的管理　与春季保健护理相同。

(4)健康保健　深秋昼夜气温变化大,注意保温及锻炼,在管理上要预防发生感冒及呼吸道疾病。

(四)冬季保健

冬季室外气温寒冷,尤其是北方地区,猫的室外运动减少或停止,在管理上要注意预防呼吸道疾病和肥胖症。

(1)多晒太阳　冬季气温低,光照时间短,当风和日暖的日子,应让猫多晒太阳,正在生长发育的仔猫更需要。阳光中的紫外线有消毒杀菌之功,晒太阳不仅可以取暖,又可促进钙质吸收,有利于骨骼的生长发育,防止仔猫发生佝偻病。

(2)保暖、防病　猫是一种很怕冷的动物,需要温暖舒适的环境,天气冷时会本能地寻找热源。电热器是基本配备,也可用毛毯裹热水袋(50 ℃左右的水温)垫在猫的铺垫物上,提供充分的温暖。但要防止仔猫在取暖时被烫伤。如果是寒流季节,可在夜晚就寝时帮猫穿上衣服,早晨起来时再脱掉,以达保暖功效。

(3)加强室内运动　冬季室外活动减少,如饲养不当,易造成猫肥胖症、糖尿病、难产等,应增加室内逗玩运动。猫喜欢追捕活动,可给它乒乓球、皮球、小纸团、线团,特别是带有颜色的玩具,猫更有兴趣,会不断地追捕玩耍,既可增加猫的运动量,又可增加家庭的欢乐气氛。

三、猫的饲养保健

(一)新生仔猫的喂养与护理

从出生至断奶,幼猫的生长完全依赖于母猫的哺乳。虽然,一般不会出现严重情况,但是繁育者还是会遇到各种各样的问题(如缺少母乳,乳腺疾病,或者母猫死亡),所以新生仔猫的喂养很重要。

1.喂母乳

猫与人类不一样,在生产过程中并不传递抗体(免疫球蛋白),而是通过初乳将免疫抗体传给仔猫。分娩后 1～2 d 内的初乳含有丰富的免疫球蛋白,这些抗体不会被消化,在新生仔猫生命最初的 24 h 内,抗体会被消化道吸收,进入仔猫的血液,从而起到抵抗疾病的作用(普通细菌及母猫接种过的疫苗的病毒)。这一免疫保护作用会持续 4～6 周,随后仔猫的自身免疫系统逐渐完善,有足够的能力去抵抗病毒侵害。

2.人工哺乳或寄养

(1)人工哺乳与寄养的原因　①有些母猫完全不能分泌乳汁。②母乳分泌不够。随着生长发育,仔猫对母乳的需求逐渐增大,到第三、第四周达到顶峰,随后仔猫进入断奶期。若仔猫体型较大,或母猫乳汁不足,母乳无法满足生长发育的需求,需补充一些代乳品直至断奶期。③毒乳症。母猫患了乳腺炎,病毒或细菌会进入乳汁,造成仔猫腹泻,甚至死亡。④新生仔猫红细胞溶解。若仔猫血液与母猫血液相互排斥,出生后相互隔离 24～36 h,防止仔猫吸吮到母猫的初乳。⑤母乳中含有药物。许多药物服用以后会进入母乳,尤其是抗生素,会破坏肠道菌群,引起仔猫腹泻。

(2)人工哺乳或寄养的方法　若仔猫在出生后 24 h 内无法吃到初乳,必须找到替代品。没有吃到初乳的仔猫,缺乏免疫保护,第五周前特别容易受到感染。普通细菌感染能造成仔猫的死亡,死亡率极高。牛奶和人类的一些营养食品与猫的营养成分比较接近,但是缺乏猫必需的牛磺酸。因此必须找到适合仔猫的营养食品或将仔猫寄养。

①最简单的方法是使用代乳母猫,即将仔猫直接放在同天生产或生产时间相近的母猫旁边吸吮初乳。

②采集健康哺乳母猫的乳汁(最好为初乳),放入可解冻器皿内冷冻,需要时放入双重蒸锅以 37 ℃温度解冻(不可使用微波炉)。每只仔猫口服 1～2 mL。这种方法虽然操作起来比较麻烦,但对那些失去母猫的仔猫来说,是十分有效的方法。

③猫干粮泡软　在喂猫约半小时前,先将一般的猫干粮加水泡软,若担心营养不足,还可以用仔猫专用奶、牛肉汤或小猫罐头泥替代清水将干粮泡软。

3.仔猫的护理

仔猫出生后在窝里排便。这时,要特别加强仔猫窝的卫生,窝的垫草或棉垫要勤换、勤晒、勤消毒,保持猫窝的干燥、卫生、无菌,以提高成活率,并促进健康生长。

在给仔猫哺乳时要注意保温,出生 24 h 以内的仔猫,最适宜的温度是 32 ℃,需要放在恒温箱内或用紫外线灯保温。两周内,温度逐渐降至 27 ℃,再过两周降至 21 ℃。在人工哺乳时,应模仿母猫哺乳时以舔舐仔猫来刺激其排尿、排粪的动作,可用棉棒轻轻敲打和摩擦仔猫的外生殖器。当小猫开始排泄时,要及时用手纸将排泄物擦干净,边排边擦,直到排完为止。排泄后,若肛门出现红肿,可以擦点红药水或红霉素眼药膏。

(二)断奶后仔猫的喂养与护理

(1)喂养　仔猫断奶后,生长发育加快。这时要特别注意喂给富含蛋白质和脂肪的食物,多喂瘦肉、肝，适当加入钙磷等矿物质，每隔几天喂点肥肉，以提高食欲。猫长到90日龄以后，体质增强，对外界抵抗力增强，消化能力增强。定时喂食，最好是3月龄前4～6餐/d，3～6月龄3餐/d，6月龄以后2餐/d即可。

(2)护理　仔猫与母猫分开后，要检测仔猫的体温变化，因为在最初的三周中，仔猫在体温调节方面会存在问题。一般来说，在出生的第一周，仔猫直肠温度为35.5～36 ℃，第二周为36.5～37 ℃，第三周为37.5～38 ℃，若体温低于34.5 ℃，仔猫就无法消化吸收食物。体温降低，肠道水分滞留造成脱水，血糖过低又会造成体温降低。仔猫分窝后，要放在事先准备好的猫窝里，把仔猫曾用过的布片、垫纸垫在猫窝里，再放一个热水袋。仔猫从垫纸、垫布上嗅到母亲或自己的气味，从热水袋感受到母体的温暖，会感到像分窝前一样，安静地睡觉。仔猫安顿好后，不要让小孩去挑逗，猫窝也不要随意挪动，睡觉时不要去干扰它。几天以后，仔猫对环境熟悉后可开始给仔猫洗澡、梳理被毛。

(三)成年猫的保健

1.保证充足新鲜的饮水

牛奶可用水按1:1稀释后喝。不要给它太多的牛奶，喝多了会造成腹泻。

2.喂罐头猫粮

市面上的猫罐头或猫粮不仅含有猫所需要的各种营养成分而且味道鲜美。有时为了丰富猫的食谱，可以适时喂一些新鲜煮熟的鱼肉、鸡肉，但要去骨。一只成年猫需要的食物为150～200 g/d。

3.补充食物

猫粮虽能提供适合年龄层次的均衡营养，但每只猫大小不一，所需的营养成分和量不一样，而且很多猫以剩余的饭菜当食物，这样很难达到营养均衡的要求。因此要在饮食中添加一定量的营养成分，以满足猫的需求。

(1)添加一定量的脂肪　如果猫需要比较多的能量，在正餐中添加动物性脂肪，如鸡油或牛油。一汤匙的家禽脂肪将增加约只吃干猫粮10%的热量，所以提供动物性脂肪是很好的热量来源。很多营养补充食品含有必需和非必需脂肪酸，如不饱和脂肪酸，常用于动物皮肤干燥或有皮屑、被毛粗硬无光泽、皮肤发痒或发炎时。

(2)添加氨基酸和蛋白质　对猫来说一般指添加氨基乙磺酸，猫可从猫粮中获得，其他的来源则是罐头食品。

(3)添加矿物质　当猫被饲喂剩菜剩饭时，无法提供足够的钙质和合理的钙磷比时要适当添加矿物质。不过，怀孕中的母猫不可过度的添加钙质，甚至不需要额外的补充。因过度添加钙质会抑制母猫内分泌系统，无法产生自源性的钙质而需依赖外源性补充，一旦分娩后泌乳，大量钙质从乳汁流失，无法协调得到平衡的结果，出现产后低钙血症。猫很少需求磷的补充物，因大多数食物中已包含适量的磷，只有在特殊环境或患某些疾病时需补充磷。有些猫缺乏钾离子，当使用低镁饮食来防止尿道疾病时，相对地也会降低钾的含量，因此促成了多肌综合征的产生。

(4)添加维生素　维生素补充的量与食物的适当比例是很难判定的，如果猫营养均衡则不需要额外的补充。特别注意维生素A、维生素D和维生素E，过量的补充是有毒的。

(四)老龄猫的保健

1. 猫的寿命

猫的寿命为13～14年。一般而言,混血品系的猫较纯种品系的猫寿命长;节育的猫寿命会较长,肥胖的猫寿命较短,研究也发现室内饲养的猫会比户外饲养的猫寿命长,而乡下的猫也会比都市的猫寿命长。在临床实践中发现,猫超过8岁器官功能就开始显著地变化,而某些老龄猫常发的疾病,也大都于6岁后发生。

猫的年龄判定依据与人相比,猫出生后半个月就相当于人的1岁,猫1岁相当于人的15岁,猫2岁相当于人的25岁,猫14岁相当于人的72岁,猫15岁相当于人的76岁,猫16岁相当于人的80岁,猫17岁相当于人的84岁。母猫11～12岁就丧失繁殖能力,公猫虽然15岁时还有生殖功能,但到12岁就不可作种用。

2. 老龄猫的护理

(1)环境需求　老龄猫的代谢速率会逐渐下降,活动力降低,身体对于能量的需求会减少30%～60%;对于体温的调节能力也会下降,导致老龄猫对于冷或热的耐受能力下降。因此,要保持冬暖夏凉的环境。

(2)定期体检　老龄猫的睡眠会变得更容易间断,不易沉睡,显得较为不安;整个身体内脂肪所占的比例会升高,皮肤失去弹性且被毛显得没有光泽,梳洗及排泄的习惯改变,免疫能力下降,导致猫较易患传染病、肿瘤及免疫性疾病。要随时注意其健康状况。

(3)饮食需要　老龄猫的最佳食物为鱼肉、鸡脯肉。老龄猫牙齿和内脏功能衰退,食物要以柔软易消化的为主,减少每次的饮食量,增加饮食次数。少吃含脂肪多的食物,如果牙齿脱落,吃不了干性食物时,先用水或专用的牛奶将食物浸软后再给它吃。市面上有卖老龄猫专用的食品。不过,吃东西是老龄猫的一大乐事,所以食物不能千篇一律,要选择一些新鲜的东西,或做成糊状,或弄碎,有时也可亲手做点东西给它吃。值得注意的是,猫由于年老,调节食欲的神经系统麻痹,极易得饱食症,适当调节饮食量。

四、猫的防疫与驱虫

(一)猫的免疫程序

目前国内比较常见的疫苗种类有两种,猫三联(预防猫瘟、鼻气管炎和杯状病毒感染)和狂犬疫苗。

推荐免疫程序:

(45 d)猫三联→(66 d)猫三联→(87 d)猫三联→(94 d)单联狂犬。以后每年接种猫三联和狂犬疫苗各1次。

(二)驱虫

猫成天东钻西爬,有时还会掏垃圾桶,难免会吃到脏东西,定期驱虫十分重要。6月龄之前的猫,用广谱驱虫药(爱沃克、大宠爱、内宠爱和猫宠清等)一个月做1次体内外驱虫,6月龄

以上的猫每季度体内驱虫 1 次、每月体外驱虫 1 次即可。

技能操作

一、纠正猫的不良行为

操作目的　纠正猫的夜游性、吃死老鼠、异食癖，调教猫不上床睡觉和上桌子等。

操作材料　猫笼子、死鼠、盆栽植物、水枪等。

方法步骤

(1)纠正夜游性　纠正猫的夜游性必须从小猫开始。开始时要用笼子驯养，白天放出，在室内活动，但绝不能放出户外，夜间再捉回笼内。时间一久，就会养成习惯，即使去掉笼子，夜间也不会出去活动。

(2)驯猫不吃死老鼠　如果看到猫叼回死鼠，要立即夺下，它想吃，就用小棍轻打猫的嘴巴。隔几小时之后，再把死鼠放到猫的嘴边，如果还想吃，就再打它的嘴并严厉地斥责它。这样几次以后，猫再看到死鼠就会引起被惩罚的条件反射而不敢吃了。

(3)纠正异食癖　异食癖属于一种非正常的摄食行为，主要表现为摄取正常食物以外的物质。比如舔舐、咀嚼毛袜、毛线衣等绒毛性衣物，或主人不在场时偷食盆栽植物等，并且恶癖成性，时常发生。

纠正异食癖可用惊吓惩罚或使其产生厌恶条件反射的方法，如可用捕鼠器、喷水枪等恐吓。将捕鼠器倒置(以防夹着猫)在绒线衣物或植物旁，当猫接近时，触及捕鼠器，由于弹簧的作用，捕鼠器弹起发出噼啪声，能将猫吓跑，或手握水枪站在隐蔽处，见猫有异常摄食行为时，立即向其喷水，猫受到袭击后会马上逃走。这样经过若干次以后，猫便能去掉异食癖。另外，也可用一些猫比较敏感的气味物质(如除臭剂、来苏儿)涂在衣物或植物上，猫接近这些物品时，由于厌恶这种气味而逃走，即可纠正其异食癖。

(4)纠正猫不上床睡觉和上桌子　要从小训练猫，让它到专门的猫窝睡觉。其方法是当猫上主人的床或进入主人的被窝时，就立即拍打猫的臀部，并且大声训斥，将其赶下床。

猫还有爬高的习惯，在桌子上跳上跳下，尤其是在饭桌上或工艺美术品陈列柜内，既不卫生，又容易损坏器皿。当猫爬上桌子时，主人要一边轻轻敲打它的头，一边较严厉地对它说“不可以”。如果猫听话，从桌子上下来，主人要及时抚摸它的头或身体，并说“真乖”，给以言语奖励。这样经过反复训练，只要说“不可以”，猫就会从桌子上下来，逐渐改掉上桌子的习惯。

注意事项

①要严格调教，奖惩分明。

②要坚持改掉猫的不良习惯，不能中途退缩。

二、猫的技巧训练

操作目的　“来”、打滚、衔物、扒抓木柱、在便盆上大小便的训练。

操作材料　猫抓棒或猫爬架、猫砂盆、零食。

操作步骤

1."来"的训练

①在训练之前,给猫取一个名字,要让猫熟悉自己的名字。

②训练这个项目可用食物诱导法。先把食物放在固定的地点,嘴里呼唤猫的名字并不断发出"来"的口令。如果猫不感兴趣,没有反应,就要把食物拿给猫看,引起猫的注意,然后再把食物放到固定的地点,下达"来"的口令,猫若顺从地走过来,就让它吃食,轻轻抚摸猫的头、背,起到鼓励的作用。

③当猫对"来"的口令形成比较牢固的条件反射时,即可开始训练对手势的条件反射。开始时,边喊"来"的口令边向猫招手,以后逐渐只招手不喊口令,当猫能根据手势完成"来"的动作时,要给予奖励。

2.打滚训练

①让猫站在地板上,训练者在发出"滚"的命令的同时,轻轻将猫按倒并使其打滚,如此反复多次。当猫有反应时应立即奖励美味可口的食物,并给予爱抚。

②每完成1次动作就给予1次奖励,随着动作熟练程度的不断加深,要逐渐减少奖励的次数,如打2个滚给1次奖励,直到最后取消食物奖励。

③一旦形成条件反射,猫听到"滚"的命令,就会立即出现打滚的动作。隔一段时间应再给予一些食物奖励,以避免这种条件反射的消退。

3.衔物训练

①首先是基本训练,即先给猫戴项圈,以控制猫的行为。

②训练时,一只手牵住项圈,另一只手拿令其叼衔的物品如小木棒、绒球等,一边发出"衔"的口令,一边在猫的面前晃动所拿物品,然后,将物品塞入猫的嘴里。

③当猫衔住物品时,立即用"好"的口令和抚摸予以奖励。

④接着发出"吐"的口令,当猫有吐出物品的行动时,立即重复发出"吐"的口令,当猫吐出物品后,喂点食物以奖励。经过多次训练后,当发出"衔"或"吐"的口令,猫就会做出相应的衔叼或吐出物品的动作。

4.扒抓木柱训练

①将猫关在房间或密闭的环境内,其内部要尽可能是耐抓的材质。可在房间中放置猫的床铺、碗、玩具和猫砂盆,在猫床铺附近安装一根大小、质地和坚硬度都刚好的猫抓棒或猫爬架。

②当看见猫在抓猫抓棒时就适当地给予拍抚和赞赏。

③当猫习惯在密闭的环境中使用猫抓棒后,活动范围可以逐渐扩大到整个居家范围。

④若小猫不扒抓,训练者或主人可用手轻轻地抚摸猫的头部,并下压强迫它抓扒木柱,但动作一定要轻。猫抓扒木柱以后,将脚上腺体分泌液擦在扒抓部位。由于分泌液气味的吸收,猫会到木柱上扒抓。有些猫抓棒有薄荷味对某些猫会有刺激作用。

5.在便盆上大小便训练

①在选择合适的地点放置一个猫砂盆或用废盒或小纸箱做的便器,便器上铺垫3～4 cm厚的猫砂,上层放一层带小猫尿或屎气味的砂子。

②当看到小猫焦急不安,四处绕来绕去时,要赶紧把小猫带到便盆附近,先让它闻一闻砂

的味道，很快就会在便盆里排便。

③当发现猫忘记了在便盆里排便，而在别的地方排便，不要打它，防止影响以后的训练效果。

④小猫排便时，不要干扰或惊吓它。因为猫胆小，一有声响就惊慌，甚至中止排便，形成条件反射后，对训练很不利。

注意事项

①训练的过程中要奖惩结合。

②一旦形成某一种条件反射，要不断地巩固和加强，防止已形成的条件反射消退。

③训练有过程，不能急于求成，掌握猫的习惯和特点。

④猫抓棒必须置放在明显的位置，让猫随时都可以去使用。

⑤大多数猫喜欢的猫抓棒是能在向下拉扯时发生反弹的，且包覆纵向绳状纤维的会比较好。

⑥猫抓棒可以紧靠墙壁放置，也可以单独直立或横向放置，只要猫使用时不会翻倒即可。猫抓棒也要够长，让猫使用时能伸长身子。

课后思考 〉〉〉

1. 如何对老龄猫进行保健？
2. 如何照顾没长牙齿的小猫？
3. 不同季节猫对饮食的要求有何不同？
4. 如何能在短时间内消除初次接触的猫的紧张情绪？
5. 如何给猫驱虫、喂药？
6. 老龄猫应如何护理才能延长其寿命？
7. 幼猫和妊娠期猫的护理要点是什么？

知识拓展 〉〉〉

一、猫泛白细胞减少症

猫泛白细胞减少症，俗称猫瘟，又称猫传染性肠炎，是猫的一种急性、高度接触性传染病。此病猫科动物均易感，其中未成年的幼猫更为敏感。此外，野猫、山猫、虎、豹、狮等也可感染并引起死亡。本病世界各地都有，一年四季均可发生，但以冬末春初更为多发。此病发病突然，传播迅速，流行猛烈，具有地方流行特点，且发病率和死亡率很高，尤其是幼猫。

(1)识病要点　本病潜伏期 2～9 d。最急性病例，病猫不见任何先兆症状而突然死亡。急性病例，病猫精神变差、体温升高可达 40 ℃以上，持续 24 h 后体温恢复正常，食欲减退以至废绝。经 2～3 d 后体温可第 2 次上升，呈现双相热症状。顽固性剧烈呕吐是本病的主要特征，不吃任何东西也呕吐，每天呕吐几次到十几次。有的病猫还伴有严重的腹泻，迅速出现严重的脱水症状，皮肤弹性降低，眼球下陷，骤然消瘦。病初饮水量增加，病程稍长，饮水也停止。如为怀孕母猫，则可能发生流产、死胎。对于未进行过免疫接种的猫，发生上述症状，尤其是发病突然，体温升高达 40 ℃以上，严重的顽固性呕吐，病情发展很快，严重脱水，消瘦，虚弱即可怀疑为此病。

血清学检验：白细胞总数明显减少，一般降至 4 000 个/mm^3 以下，甚至几百或更少，故称泛白细胞减少症。此项指标具有重要的诊断意义。

(2)发病原因　该病病原为细小病毒，在自然界中广泛存在。未经预防接种的猫，尤其是幼猫均可自然感染此病。而病猫和带毒猫又成为新的、主要的传染源。被感染猫在患病初期可随粪便、尿、眼鼻分泌物、唾液及呕吐物排出病毒，污染环境而造成本病的传播。康复后的猫，带毒时间可达 1 年以上。易感动物感染本病主要经过消化道和呼吸道，妊娠母猫可通过胎盘垂直传给胎儿。接触过病猫的主人，也可成为此病的传播者。

(3)防治方法　本病尚无特效治疗方法。防止其发生的最好措施是按程序进行疫苗免疫接种。进口猫三联疫苗和国产疫苗均有很好的预防效果。

对于病猫，早期可皮下或肌内注射抗猫瘟热高免血清，2～4 mL/kg 体重，连续注射 2～3 d，可收到较好的疗效；同时要配合对症治疗，如止吐、止泻、补液等。另外，对病猫要严格隔离饲养，对环境进行消毒。

二、猫传染性鼻气管炎

猫传染性鼻气管炎是由猫疱疹病毒Ⅰ型(FHV-Ⅰ)引起的、高度接触性上呼吸道传染病，是猫的最常见呼吸系统疾病之一。病情严重的，尤其在幼猫，可并发肺炎引起死亡。

(1)识病要点　本病的潜伏期 2～6 d。幼猫比成年猫易感且症状严重。病猫突然发病，体温升高 40 ℃左右，并且呈稽留热，数日不退，上呼吸道症状明显，阵发咳嗽和喷嚏，鼻部有浆性和脓性分泌物，结膜炎症状明显，畏光、流泪。精神沉郁、食欲减退或不食、渐进性消瘦。鼻液和泪液的特点是初期为透明液体，随着症状发展，变为黏脓性的分泌物。该病通常会导致 50%以上的幼猫死亡，如继发感染其他疾病，死亡率更高。部分病猫可见角膜树枝状充血、结膜水肿的变化。舌、硬腭及软腭、口唇可见溃疡，溃疡初期表现为水疱，2～3 d 后破溃，上皮变黄、脱落，出现典型的溃疡灶。慢性病例，可见慢性鼻窦炎、溃疡性结膜炎和全眼球炎，严重者可失明。血象变化：发病初期可见白细胞和淋巴细胞低于正常值。

(2)发病原因　该病主要是接触传染，病毒经鼻、眼、口腔分泌物排出，病猫和健康猫通过鼻与鼻直接接触及吸入含有病毒的飞沫经呼吸道感染。静止空气中，可在 1 m 范围内发生飞沫传播。自然康复的猫能长期带毒和排毒，成为危险的传染源。发病初期的猫，可通过分泌物大量排毒达 14 d 之久。

(3)防治方法　目前本病尚无特效药治疗。采用支持疗法、对症疗法和防止继发感染，对本病的恢复有良好的作用。应用抗病毒药物如猫干扰素帮助猫对抗病毒；应用广谱抗生素预防和治疗继发的细菌感染；对出现结膜炎的猫可应用抗生素、抗病毒滴眼液；应用科特壮、维肝素等药物调节代谢，促进食欲；对于食欲不振、症状较重的猫，进行输液治疗，通过输液也可以补充水分和能量；赖氨酸可以帮助免疫系统抑制疱疹病毒，可减轻患病猫的症状。预防：猫三联免疫接种；建立良好的通风环境和消毒措施，注意环境卫生，降低饲养密度；发现病猫及时隔离、消毒，防止接触传播。

三、猫杯状病毒感染

猫杯状病毒感染是猫的一种多发性口腔和呼吸道传染病，又称为猫传染性鼻结膜炎。因毒株和动物的抵抗力不同，症状差别很大，有些毒株主要引起口腔或上呼吸道感染，另一些毒株则会导致肺炎。是猫的多发病之一，发病率较高，死亡率较低，但小于 84 日龄的猫常可致死。

(1)识病要点　感染后的潜伏期为 2～3 d，病初精神沉郁，发热至 39.5～40.5 ℃。病猫精神欠佳、打喷嚏，口腔及鼻腔分泌物增多，流涎，眼鼻分泌物开始为浆液性，4～5 d 后为脓性，出现角膜发炎、畏光等症状。随后，口腔出现溃疡，这是最显著的特征，溃疡面分布于舌和硬腭部，尤其是腭中裂部最常见。有时鼻腔黏膜也出现大小不等的溃疡面。发生口腔溃疡的猫，因口腔不适而吞咽吃食困难，流口水，有明显的吞咽动作(伸脖子很困难地咽东西)。

严重病例会出现支气管炎甚至肺炎，而致呼吸困难，肺部有干性或湿性啰音，可因肺炎致死。少数病例仅出现肌肉疼痛和角膜炎，见不到呼吸道症状。有些猫可发生免疫介导性的多发性关节炎(机体对抗病毒时产生的免疫复合物沉积)。偶有病例因免疫复合物沉积而发生肾炎。偶见猫出现皮肤溃疡。根据毒株毒力不同，症状及病情严重程度也不同。

(2)发病原因　猫科的其他动物如野猫、虎、豹均能感染。主要发生于几周以内的幼猫。病猫和带毒猫是本病主要传染源。病毒可随猫唾液、眼泪和鼻腔分泌物散播到外界，污染笼具、猫床、垫料和周围环境，也可直接传染给易感猫。病猫在康复后能长时间带毒排毒，仍然是一种危险的传染源。

(3)防治方法　本病尚无特效的抗病毒药物，主要采取对症或支持治疗。

四、弓形虫病

弓形虫病是由龚地弓形虫引起的一种寄生虫病，多数为隐性感染，但也有出现临床症状甚至死亡的病例。龚地弓形虫宿主范围广泛，世界性分布，除犬猫外，还可寄生于 200 多种其他动物。

(1)识病要点　一般无症状。如果出现症状，表现为发烧，肝炎，胆红素血，肺炎，呼吸困难，贫血，白细胞减少症，脑炎，肌炎，心肌炎，肠炎，淋巴结炎，妊娠动物流产。诊断：①肠内期，在粪便中检查卵囊。卵囊接近圆形或椭圆形，淡绿色，大小为(8～11) μm×(11～14) μm，平均 10.1 μm×12.3 μm，表面光滑，囊壁双层，刚排出的卵囊内为一颗粒状物构成的球形体，称孢子原。孢子化卵囊内含 2 个椭圆形孢子囊，每一孢子囊内含 4 个长形弯曲的子孢子和 1 个孢子囊残体，无斯氏体。②全身感染，用血清学方法诊断。

(2)发病原因　弓形虫生活史较复杂，终末宿主为山猫属和猫属动物；中间宿主为 200 多种哺乳动物、鸟类和人。终末宿主同时也是中间宿主。感染途径主要是经口感染，此外，经各种注射途径、皮肤损伤、呼吸道黏膜、阴道黏膜、眼结膜也可发生感染。怀孕期急性感染时还可经胎盘传给胎儿。中间宿主之间也可以互相传染。

(3)防治方法　治疗:①全身感染　克林霉素为目前治疗猫全身性弓形虫感染的首选药物,总剂量为25～50 mg/kg 体重,持续治疗2周以上。有食欲减退、呕吐或腹泻的副作用。②卵囊排出期　可在100 g 食物中加120 mg 磺胺嘧啶或每100 g 食物中加60 mg 磺胺嘧啶和0.5 mg 乙胺嘧啶。预防:①不要喂食生肉或没有完全煮熟的肉;②不让猫自由外出和猎食其他动物;③合理处理猫粪。

知识链接 〉〉〉

1. http://www.cnsav.com/(宠物医师网)。

2.《驯猫50法》(萨利·富兰克林著)。

项目三 观赏鸟的卫生保健

任务一 观赏鸟的进化与外貌形态特征

学习目标

1. 掌握常见观赏鸟的外貌特征,为观赏鸟保健、鉴赏、购买打下基础。
2. 比较常见观赏鸟的外貌特征与食性。
3. 掌握观赏鸟的鉴赏方法与选择标准。
4. 了解饲养观赏鸟的意义。

学习内容

一、观赏鸟与人类社会进化的历史

观赏鸟饲养在我国已有大约 3 000 年的历史。古书《诗经》《尔雅》《山海经》《禽经》等都记载了鸟类的生活习性、饲养管理方法等内容,2 000 年前成书的《礼记》中有"鹦鹉能言不离飞"的记载。唐诗宋词也有不少以观赏鸟为题材。从清朝开始,观赏鸟品种越来越多,饲养量也越来越大。康熙年间,热河地区(今河北省)曾把相思鸟作为贡品,上献宫廷,可见当时养鸟已相当普遍。

近年来,人们开始追求更加丰富多彩的文化娱乐生活,因而,观赏鸟的饲养量迅速增加,许多城市成立养鸟协会,经常组织赏鸟、赛鸟。目前,在我国作为观赏而饲养的鸟已有百余种,其中主要是雀形目,这类鸟通常体型小巧,善鸣善舞。此外还包括鹦形目、佛法僧目、鸽形目、鸡形目、雁形目的部分鸟类。养鸟的规模有家庭饲养与供观赏的笼养,也有已发展成较大规模的商业性生产。养鸟已发展成一种新兴的养殖业,如人工养殖孔雀、七彩山鸡、鸽子、红腹锦鸡等。

几千年的养鸟历史使我国在养鸟方面积累了丰富而特有的经验。观赏鸟不仅为我国人民所喜爱,也为世界人民所喜爱,日本、西欧等国家和地区在观赏鸟饲养方面也颇具特色。

二、饲养观赏鸟的意义

饲养观赏鸟作为一项有益健康的休闲活动，已经走进千家万户，吸引了越来越多的爱好者，已成为人们生活内容的一个部分。饲养观赏鸟需要付出足够的爱心和耐心，而这种付出又能够在观赏它们的过程中得到回报。观赏鸟可以给人们营造一个活泼轻松的氛围，它们以特有的体态、动作、羽色和叫声给人一种艺术的享受，使人们在精神上得到愉悦和放松。七彩文鸟、梅花雀、金山珍珠鸟、黑枕黄鹂、红嘴、蓝鹊、寿带鸟、蓝翡翠鸟的形态十分优美，全身的羽毛五彩缤纷，令人赏心悦目。画眉、红嘴相思鸟、红点颏、蓝点颏的叫声极为动听，有的激昂悠扬，有的柔润婉转，有的清扬流畅，使人心旷神怡。百灵、云雀、绣眼鸟在鸣唱之时还能同时起舞，姿态优美多变，舞时有的不断颤动两翅，有的能停在半空飞翔，有的能在半空翻身，常常令人忍俊不禁、瞠目结舌。整日为生活忙碌的人听到了它们的叫声，疲劳会一扫而光；心情忧郁的人听到了它们的叫声，会觉得心胸变得坦荡。还有许多鸟类，经过人们的耐心培训，能学会许多技艺，做各种滑稽逗人的表演，黄雀、金翅雀、朱顶雀可以表演接物、戴面具、撞钟等；八哥、鹩哥、鹦鹉还能模仿人的语言及其他鸟的叫声和声响，更是让人开怀大笑，平添几分幽默，成为人们喜爱的节目。

饲养观赏鸟是一项趣味性很强的活动，对于那些辛劳一生退休在家的老人，养鸟给生活增添了不少情趣，使他们心胸开朗，性情平和，驱走了生活中的孤独寂寞，令晚年充实愉快。清晨，拎着鸟笼散步于林间湖畔，欣赏万物复苏时的美景，呼吸着沁人心脾的新鲜空气，聆听着小鸟婉转的歌声。如果遇到鸟友，可以把鸟笼挂在一起，一边聊天，一边交流各自的养鸟心得，再活动活动手脚，真是怡神怡体，其乐无穷，大大地增进了身心健康。饲养观赏鸟的运动量并不大，可以看作是一种积极的休息。通过遛鸟还能调节日常生活作息规律，使人们以更充沛的精力投入到工作和生活之中。

观赏鸟不仅能陶冶人们的情操，增添乐趣，还能成为有毒、有害气体的“检测仪”和“报警器”。观赏鸟大多体型小巧，对有毒、有害气体反应灵敏，当人们对空气中一些有毒、有害气体尚未觉察的时候，一些观赏鸟便已有感觉并有所反应，提醒人们迅速采取措施。

饲养观赏鸟所需的设备比较简单，资金投入不多。随着观赏鸟饲养技术的改进，特别是许多观赏鸟得以成功地进行人工繁育，使观赏鸟又可作为一种很有前途的事业来发展。通过科学地、合理地和有组织地饲养、繁育一些名贵的观赏鸟，既可以满足国内外市场需求，又可以创造一定的经济效益，还能起到保护鸟类资源、维护生态平衡的作用。但目前饲养水平都不高，有必要建立饲鸟专门科研机构，提高饲育质量，增加观赏鸟的种类。如金山珍珠鸟、灰文鸟、胡锦鸟、牡丹鹦鹉、玄凤鸟等，都可以进行人工饲育，不仅国内饲养者需要，还可大量出口。特别是那些善于鸣啭的鸟深受国外观赏鸟爱好者的欢迎。

三、观赏鸟的外部特征

鸟类种别的鉴别主要是根据鸟体的外部形态结构与特征。只有正确地掌握鸟体外部各部位的名称和量度方法，才能准确地识别鸟的种别，为学习和掌握观赏鸟的日常保健与美容打下基础。

(一)鸟的体形

从鸟的体形上,可将其分头、颈、躯干三部分,体外被羽,构成流线型外廓,表面光滑,可减少飞行阻力。前肢演变成适应飞翔的翼,由坚强的羽毛构成翼面,可振翼推动气流,使鸟自如地朝着不同方向飞翔。上下颌形成喙,后肢趾端有爪。喙和爪的发达程度与形状、食性及栖息环境有关。会游泳的雁鸭类鸟,其趾间有发达的蹼;猛禽类的爪,大而锐利;生活在沼泽或水滨的涉禽类,后肢较长,喙与颈也长,适应伸入水中捕食鱼虾。

(二)鸟羽的构造与功能

鸟类的皮肤上着生羽毛,这是一类被羽的二足动物。鸟羽由皮肤的表皮衍生而成,具有保证体温恒定、增加鸟体浮力、显示物种的体色以及飞翔等作用。

1. 羽域的分布

鸟类的羽毛生在体表的一定区域。着生羽毛的体表,称为羽区,反之裸区。

2. 鸟羽的类型

根据鸟羽的形状、构造及功能,鸟羽一般可分成五种类型。

(1)正羽　这是覆盖鸟体表面的一类大型羽毛。正羽由羽轴与羽片两大部分组成。羽轴的上半部着生羽片,该部分的羽轴实心,称羽茎。羽茎两侧的羽片,有的是左右对称的,为对称型羽片,如覆羽。有的正羽是不对称的,如鸟翅上的飞羽。其内侧的羽片较宽,外侧的羽片较窄。鸟翅的每一正羽之外羽片,覆盖在另一正羽的内羽片上,形成覆瓦状。飞羽的这种覆盖,当鸟高空飞行时,可增加气流的上浮力与减少大气对翅膀的压力,有利于鸟体上升飞行活动。

正羽的羽片是由许多斜生而平行的羽枝组成。而每一羽枝的两侧又分生出许多羽小枝。每一羽小枝的一侧生有许多细钩,名为羽小钩;另一侧着生许多锯齿状突起,称为羽小齿。因此,相邻的羽小枝之间借羽小钩与羽小齿进行彼此勾结,则形成不散开的羽片;一旦羽分散后,经梳理,即复原。由于外力作用,羽小钩与羽小齿脱开而羽毛蓬乱时,鸟类常以其喙加以梳饰而复原。

正羽着生的位置不同,其功能即不同。正羽着生在翅膀的边缘,主要起飞翔作用,这种正羽又称飞羽,是构成翼(翅膀)的主要部分。飞羽又可分成初级飞羽、次级飞羽及三级飞羽。正羽覆盖在全身表面,主要起保温作用。正羽着生在尾部的,飞翔时起舵的作用,称尾羽,有的种类,尾羽长而美观。

(2)绒羽　这是一种蓬松絮状的羽毛,它们多分布在正羽的下面。羽茎很短,有的绒羽,其羽茎已完全消失,仅存短的羽根。长而柔软的羽枝簇生在羽茎或羽根的顶端;羽枝也侧生羽小枝,但无羽小钩与羽小齿,所以羽小枝之间不能相互钩住,故呈絮绒状,主要起保温作用。水鸟类的绒羽特别发达,如雁鸭类。

(3)半绒羽或副羽　在羽茎的两侧有许多羽枝与羽小枝。而羽小枝上无羽小钩及羽小齿,羽片蓬松,其形态介于正羽与绒羽之间。因羽枝柔软而蓬松,故名半绒羽又称副羽。

(4)毛状羽　这类羽毛是杂生在正羽与绒羽之间,实际上是退化了的正羽,即在羽茎的顶端簇生羽枝及无羽小钩和羽小齿的羽小枝。平时把鸡或鸭去掉正羽与绒以后,在其体表常发现有稀疏的毛状羽。

(5)须羽　羽毛多着生在眼、鼻及喙的周围,如鼻须、额须、睫毛等。它们仅有一条硬的羽茎，而无羽枝，即使有羽枝，也着生在羽茎的基部。须羽具有触觉作用。

(三)鸟嘴的形态与功能

(1)鸟嘴的结构特点　鸟嘴由上颌与下颌延长而成，称为喙，其外面被一层坚硬的角质鞘构成锐利的切缘或钩曲，成为鸟类的取食器官，现代鸟类的嘴中无齿。

(2)嘴的形态与食性及摄食方式的关系　鸟嘴的外形往往因食性而不同，食肉性鸟的嘴形尖锐而钩曲，便于撕裂猎物，如鹰、隼、伯劳、鹫等猛禽的嘴；若以喙取匿居树中虫类为食者，嘴呈楔形，且强直而坚硬，便于穿凿树木，如啄木鸟的嘴；若以吃谷物或种子的鸟嘴，多呈粗短而圆锥状，如鸡、鸽、麻雀等；交嘴雀的嘴，先端上下交叉，借以伸入松果的鳞片间，取其间的种子为食；吃鱼的鹤类、鹭类、白鹤类，以水与泥沙中小型无脊椎动物及藻类为食的鸟类，它们的嘴呈宽扁状，嘴的内侧有若干角质状缺刻，使入口内的水溢出，而食物留在口内；蜂鸟的嘴细长而呈管状，适于吸取花蜜。

(四)鸟翼的形态与功能

鸟的前肢变成翼，由坚强的羽毛构成大的翼面，凭借气流而鼓翼飞翔。覆盖在翼表面的羽毛，主要是正羽，由于着生翼体的部位不同，其名称及功能也不同。鸟翼形状大小，往往因飞翔能力不同而异。飞翔能力强而善飞的鸟类，其翼长而尖，例如燕、雨燕、信天翁、军舰鸟；不善飞行的鸟类，其翼形圆而短，飞行时，必须不断地上下扑动双翼，才能够维持其飞行，如鹌鹑、雉、秧鸡、家鸡等；企鹅的翼不作飞翔用，而起鱼鳍的作用，已变成鳍形；鸵鸟的翼不能飞，其飞羽已无羽钩，故不能鼓翼飞行，仅作奔驰时的助势。

(五)鸟尾的形态与功能

一般脊椎动物的尾巴都由若干尾椎支撑。现代的多数鸟类，其最后的6～10枚尾椎愈合成尾综骨，形似向上翘的犁头，以支持丛生的尾羽。因此，平时人们所见的鸟尾，实际上仅是尾羽部分。鸟羽的数目、颜色及尾形是鉴别鸟类物种的依据之一。鸟类的尾羽左右对称排列，一般为10～12枚，但也可以少至4枚，多达32枚。如若数目多时，由中央向两侧渐变细小，似针状，居中央和两侧的尾羽，统称外侧尾羽。在尾羽的基部，被柔软的正羽所覆盖，统称为尾部覆羽，位于尾羽基部上面的，称为尾上覆羽；位于下面的，称为尾下覆羽。

鸟翼是飞翔鸟类的主要运动工具，鸟类在空中的自由飞翔活动，不仅靠鸟翼的作用，而尾也起着定向的舵手作用。

(六)鸟脚的形态与功能

鸟类的脚由股、胫、跗跖及趾等组成。

(1)股或称大腿，是脚的最上部分，与躯干部相衔接，常被羽毛，因此多隐藏而不外观。

(2)胫或称小腿，在股的下部，跗趾之上端，被羽毛或不被羽毛。

(3)跗跖是胫的下端，趾之上端，是一般小鸟脚(足)的显著部分。有的种类，跗跖被上羽毛；有的种类，跗跖上附鳞片，在跗跖的后缘有两个整片的纵鳞，在跗跖的前缘，有的着生横列的盾鳞，有的呈网眼状鳞，有的呈靴状的整片鳞。

(4)鸟类的趾是着地部分，一般为四趾。第1趾为后趾，第2趾为内趾，第3趾居中，靠外侧的为第 4 趾。趾端有爪，其形态与长度以及趾排列状况，是分类的依据。大多数鸟类的足(脚)第 2～4 趾向前，第 1 趾向后，在鸟类学中，称为常态足。

鸟类脚的长短与强弱，因种而异。凡飞翔力不强的种类，脚都很发达，如雉类，鸡类；凡飞翔力强的种类，脚都很细弱，如燕子、雨燕。游禽类(鸭、鹅)的脚较短，而涉禽类(鹤、鹳、鹭)的脚较长，适于浅滩中涉水取食。适于游泳的鸟脚，趾间有蹼，如鸭的前面趾间完全与蹼相连，恰似桨状，适于划水，又名蹼足。有的鸟类为对趾足(第 1 与第 4 趾向后，第 2 与第 3 趾向前)，如啄木鸟。而另一些鸟类为异趾足(第 1 与第 2 趾向后，则第 3 与第 4 趾向前)，如咬鹃。异趾足与对趾足适于攀缘树木。有的鸟类，四趾皆向前，名为前趾足，适于握物。又如翠鸟的脚，前三趾的基部相互愈合，名为并趾足，适于长时间栖止，窥视猎物动静。某些猛禽类(鹰)的趾强大，爪锐而钩曲，适于捕捉及撕裂食饵。

(七)鸟类皮肤的特点

鸟类的皮肤薄而松，便于飞翔时肌肉剧烈地运动，但缺皮脂腺，仅在尾的基部上方有一些隆起的尾脂腺，常以喙(嘴)触擦尾脂腺而刷润体羽，保持羽片不紊乱，尤其是水鸟类，增强其体羽防水性。尾脂腺常可分泌油脂，以弥补其皮肤的干燥；有的鸟类，在外耳道内尚有一些小的腺体，也能分泌油脂。家禽皮下含的大量油脂是由体内脂肪细胞沉积形成的，而不是皮脂腺的分泌物。皮肤上着生羽毛是鸟类独有的特点。鸟羽是皮肤的衍生物，有保持鸟的体温恒定，增加飞翔时浮力等作用。此外，鸟类的跗跖表面尚附生鳞片，其形状因种而异。鳞片也是皮肤的一种衍生物。

技能操作 〉〉〉

一、鸟类外部形态观察

操作目的　正确识别各种观赏鸟类外部形态特征，比较不同鸟体形态差异，进而了解其生态类型和生活习性。

操作材料　不同观赏鸟的标本、观赏笼养鸟(常见鸟种)。

操作要求　就提供的数种观赏鸟标本及笼养鸟，对其嘴、翅、体色、腿、爪以及食性进行观察，并将结果填入表 3-1。

表 3-1　观赏鸟的外部形态特征与食性

鸟名	嘴形	翅形	腿和爪形	体色特征	食性

二、鸟体测量

操作目的 正确掌握鸟体外部各部位的名称和量度方法。比较不同鸟类形态差异，进而了解其生态类型和生活习性。

操作材料 不同观赏鸟标本、笼养观赏鸟，卡尺、卷尺等。

操作要求 通过上题所提供的观赏鸟，对其进行下列指标的测量，了解鸟体的特征，并把相应的结果填入表3-2中。鸟体的测量指标主要有以下几种。

(1)体长 鸟体仰卧，腹部朝上，头尾伸直，自嘴端至尾端的直线距离。

(2)嘴峰长 自嘴基生羽处至上嘴尖端的直线距离。

(3)嘴裂长 上下嘴张开时的最大的宽度。

(4)翼长 自翼脚(即腕关节)至最长飞羽的尖端的直线距离。

(5)翼展长 鸟体腹侧朝下，双翅全部水平展开，自一侧翼羽的最尖端至另一侧翼羽最尖端的直线距离。

(6)尾长 自尾羽基部至最长尾羽末端的直线距离。

(7)跗趾长 自胫骨与跗跖关节后面的中点，至跗跖与中趾关节前面最下方的整片鳞的下缘之间的距离。

(8)趾长 自跗趾与趾的关节处，跗趾最下端的整片鳞缘至趾端爪基缘的距离。

(9)爪长 自爪基缘至爪先端的直线距离。

表3-2 鸟的体尺测量结果

鸟名	体长	嘴峰长	嘴裂长	翼长	翼展长	尾长	跗趾长	趾长	爪长

课后思考 〉〉〉

1. 鸟体的外部形态包括哪些部分？
2. 常用的鸟体度量指标有哪些？
3. 谈谈鸟羽、鸟翼、鸟尾的构造与功能。
4. 谈谈鸟嘴、鸟脚、鸟皮肤的构造与功能。

知识拓展 〉〉〉

一、鸟的食性

鸟类按其食性可分为食谷鸟、食虫鸟、杂食鸟和食肉鸟四类。

(1)食谷鸟　也叫硬食鸟。这类鸟以植物种子为主要食物。嘴呈坚实的圆锥状，短而粗，峰脊不明显。进食时常咬开坚硬的种子外壳，食取种仁。其消化的特点是：腺胃细小，肌胃发达丰厚，内膜粗硬，常贮有砂石粒，盲肠退化消失。在家养观赏鸟中，雀科和文鸟科均属此类，如金丝雀、黄雀、蜡嘴雀、灰文鸟、金山珍珠等。

(2)食虫鸟　也叫软食鸟，这类鸟以昆虫、浆果为主要食物。嘴细而长，形状多样，有些种类的嘴较软，嘴基部还有须。其消化道的特点是：无嗉囊，腺胃细长，肌胃坚实，肠管较短，盲肠未消失。食虫鸟种类多，数量大，约占鸟类总数的一半，但这类鸟较难饲养，人工繁殖更难，且多属捕食害虫的益鸟，应注意保护。大山雀、黄鹂、靛颏、啄木鸟均属此类。

(3)杂食鸟　其食性较杂，有的以食谷为主而兼食虫，有的以食虫为主兼食谷。从家庭饲养的角度考虑，把前者归为硬食鸟，把后者归为软食鸟。杂食鸟的嘴形一般长而弯，有峰脊。其消化道的特点是：腺胃与肌胃几乎等长，肠管中长或较长，盲肠退化或消失。百灵、八哥、鹩哥、画眉、太平鸟均属于此类。

(4)肉食鸟　也叫生食鸟。此类以肉、鱼为主要食物，饲养时还不能用其他饲料代替。其嘴形有的钩曲，有的宽大，有的细长。其消化道的特点是：腺胃发达，肌胃较薄，肠管较短。翠鸟、雀鹰、白鹭、鹳均属此类，比较好养。

二、鸟的繁殖习性

各种鸟的性成熟年龄差异很大。一般小型鸟为 8～12 月，中型鸟约 2 年，大型鸟至少要 3 年。人工饲养条件下，由于环境因素和饲养条件改善，性成熟年龄有提早的趋势。

(1)季节性　鸟类生殖器官发育受光照周期的调控，导致鸟的繁殖具有季节性。在自然界，大多数的鸟以春季和秋、冬季繁殖为最多，只有少数的鸟能够终年繁殖。

(2)求偶配对　求偶是发情的表现，求偶行为大多发自雄鸟。求偶时多数雄鸟声音高亢豪放，或婉转清扬，有的雄鸟则以羽色取悦于对方，有的则表现飞鸣、伸颈、突胸等特殊的动作，有时还发生争斗。

在雄鸟追求下，雌鸟动情中意后，两鸟或同鸣共舞，或互相为对方梳理羽毛，反复几次后，两鸟即行交配。

(3)筑巢产蛋　鸟巢是鸟产蛋、孵化、育雏的场所。绝大多数鸟类单独营巢，每一对鸟占据一个巢区。筑巢一般由雌鸟承担，如山雀等，有些是雌雄鸟协作筑巢的，如家燕、黄鹂等，也有专门由雄鸟筑巢的，如黄莺等。

巢筑好后雌鸟就开始产蛋。最少的每窝 1 枚，多的每窝 26 枚，一般每窝 4～8 枚。鸟蛋的形状和颜色式样很多，大多数鸟类的蛋为椭圆形，蛋上具有各种斑纹，如斑点、块斑、环斑、条斑等，形成保护色，不易被敌害发现。

(4)孵化　孵化一般由雌鸟来承担，少数由雄鸟承担，也有个别由其他鸟承担。如杜鹃自己不会筑巢、孵蛋，会将蛋产在其他鸟的巢中，让其他鸟做保姆代育。

(5)育雏哺育　鸟类的雏鸟可分为早成性和晚成性两种。早成性雏鸟在孵出时已经充分发育，眼已睁开，腿脚有力，全身被覆丰富的绒毛，在绒羽干燥后就能跟随亲鸟啄食。晚成性雏鸟出壳时尚未充分发育，眼不能睁开，不能行走，全身裸露，只有很少纤细的绒羽，需由亲鸟喂养，继续在窝内完成发育过程。鸟类抚育幼雏的行为是一种本能。亲鸟在育雏期间十分紧张，每天喂食活动要用 16～19 h，往返近百次。亲鸟衔食归来踩动树枝和巢时，幼雏就产生伸头张口反应，显露口腔内特别鲜明的颜色，如红色或黄色，以激发亲鸟的喂食本能。不张口的雏鸟，亲鸟不喂食。

知识链接 〉〉〉

https：//m.ichong123.com/niao(爱宠网)。

任务二 常见观赏鸟的分类与品种识别

学习目标

1. 掌握常见观赏鸟的分类及名称。
2. 了解常见观赏鸟的主要形态特征、生活习性及经济价值等知识。
3. 能对常见的观赏鸟进行品种识别，掌握其主要的外貌特征及其与其他鸟类的区别 。

学习内容

一、观赏鸟的分类

鸟类的体积、形状、颜色以及生活习性等方面都存在着很大的差异，在分类方面也有很多不同方法，主要有系统分类、外部形态特征分类、生活习性分类等。

(一)系统分类

鸟纲分古鸟纲和今鸟纲，现存的鸟都可以划入今鸟亚纲的三个总目：平胸总目、企鹅总目和突胸总目。鸟纲是陆生脊椎动物中出现最晚、数目最多的一纲。全球有鸟类 9 000 余种，其中多为雀形目鸟类，其余是鹦形目、佛法僧目、隼形目和鸽形目。

(二)按生态类群分类

(1)走禽类　这类鸟嘴的形状扁短，都在沙漠和草地上生活，胸部不突起，没有龙骨突，翅膀几乎完全退化，因此不会飞翔，双脚强大有力，善于奔跑，而且行动迅速，如鸵鸟、食火鸡等。

(2)游禽类　嘴阔而且扁平，脚趾向后伸，趾间有蹼，善于游泳，通常在水上生活，如雁、鸭、天鹅等。

(3)涉禽类　嘴细长且直。颈、脚和趾都很长，适于在浅水中涉行，不会游泳，通常在水边或沼泽一带生活，因为腿长，必须低头啄食，因此生有较长的脖子，如丹顶鹤、白鹭等。

(4)猛禽类　嘴强大像钩状，翼大善飞脚强壮，趾有锐利的钩爪，性凶猛，如鹰、雕、隼、猫头鹰等。

(5)攀禽类　嘴尖直似凿，脚短健，两趾向后，有利于攀缘树木，如啄木鸟、鹦鹉、翠鸟等。

(6)鸣禽类　嘴厚细长或短粗，脚趾细，有四趾，三趾向前一趾向后，个体都比较小，擅长鸣叫，树上生活，能做精巧的窝巢，如百灵、画眉、缝叶莺、织布鸟等。

(7)鹑鸡类　身体强壮，嘴较短健，上嘴稍曲，略大于下嘴，脚强健有四趾，三趾向前一趾向后，并生有适合挖土的钩爪，翅膀短小，不善于长距离飞行，善于奔走。雄鸟常较雌鸟美丽，如鸟形目中所有种。大多数是定居的鸟类，如鹧鸪、乌鸡、环颈雉等。

(8)鸠鸽类　嘴比较短，基部柔软，主要营树栖生活，特别擅长飞行，吃植物性食物，它们的嗉囊能分泌乳汁来哺育雏鸟，上嘴基部为软皮质并膨胀成泡状，脚短健有四趾，三趾向前，一趾向后，如斑鸠、鸽子等。

(三)按鸟类随季节变化居留或迁徙分类

(1)留鸟　指终年栖息在繁殖区，没有迁移的现象。如黄腹脚雉、环颈雉等。

(2)旅鸟　指相对某一地区，鸟类只在南北迁移时，路过某地的鸟类，如候鸟等。此外还有迷鸟，是因特殊情况，如狂风等，使鸟类离开原先迁移的路线，被迫移到异地。

(3)夏候鸟　指相对某地区春夏飞来繁殖，秋冬飞走越冬，如燕子等。

(4)冬候鸟　指相对某地区秋冬飞来，春夏飞走繁殖，如鸳鸯等。

(四)按雏鸟孵出后发育程度分类

(1)早成鸟　雏鸟孵出时，已发育充分，体表被羽绒，眼睁开，能立即随双亲活动，如鸡类、鸭类等。

(2)晚成鸟　雏鸟孵出时，未充分发育，眼未睁开，脚无力，需双亲喂养，在巢内完成后期的发育，如猫头鹰、鹰类、麻雀类等。

(五)按生存价值和分布分类

据此可将鸟类分成两个类群：普通鸟和保护鸟。保护鸟则又可分为世界级保护鸟、国家级保护鸟和地方级保护鸟三类。普通鸟是指数量较多、全球性分布的鸟类；保护鸟则是指数量较少、呈局限性分布的鸟类。国际级保护鸟有 13 种，其中有产于我国和日本的短尾信天翁和朱鹮；国家级保护鸟是各国根据其鸟类资源情况所确定的鸟类保护对象；地方级保护鸟则是各地方区域(可以为一个国家的特定区域，也可以是某一跨国特定区域)根据其鸟类资源所确定的鸟类保护对象。1973 年国务院颁布的《野生动物资源保护条例(草案)》，规定褐马鸡等 17 种鸟类为国家级保护动物，并根据其珍贵价值和资源状况分为三类，第一类保护动物严禁捕猎，第二类保护动物禁止捕猎，第三类保护动物控制猎取量。该条例(草案)的公布，在各方面加强和推进了我国珍贵动物的保护工作。

(六)按鸟的观赏功能分类

(1)体态优美、羽色鲜艳　这类鸟饲养较简单、普遍，不需调教，只要养活就能达到观赏要求。国内常见品种有虎皮鹦鹉、牡丹鹦鹉、金山珍珠、红嘴相思鸟、黄鹂、绣眼、戴菊、戴胜、五彩文鸟、七彩文鸟、红嘴蓝雀、绶带鸟、蓝翡翠鸟等。这些鸟类的鸣声虽不够优美动听，但以羽色夺魁，因此仍深受人们的喜爱。

(2)鸣声悦耳动听　这类鸟通常称作鸣禽，是中外众多爱鸟者的主要观赏对象。羽色鲜艳的鸟类，鸣声并不悦耳，而一些羽色平淡的鸣禽，反而是真正的歌唱家，如画眉、百灵、云雀、乌鸫、大山雀、沼泽山雀等。这些鸟能鸣善唱，鸣声激昂悠扬有序，并可学其他鸟的鸣叫，婉转多变，音调、节奏条理，往往引人注目，使人流连忘返。

(3)姿态娇丽、鸣声悦耳　以其美丽的羽毛或鲜艳的色彩和动听的鸣声取悦于人，如芙蓉鸟(金丝雀、白玉鸟),轻盈悦耳,令人冶情养性。鸣唱柔润婉转,清扬流畅。目前较为常见的鸣唱笼鸟种类繁多,国内最普通的种类有相思鸟、黄雀、绣眼鸟、白头鹎、红点颏、蓝点颏、鹊鸲、朱顶红等鸣声动听;百灵、石雀、幽鹛、绣眼鸟歌鸲、柳莺、山雀等舞姿优美。

(4)善于模仿人语　鹦鹉能言,早在古籍中就有记载。诗人白居易在《秦吉了》(鹩哥)中曾写有"耳聪心慧舌端巧,鸟语人言无不通"的诗句。除鹦鹉、鹩哥外,还有八哥、松鸦、红嘴蓝鹊等,这几种鸟比较聪明,伶牙俐齿,善模仿学舌人语。

(5)表演技艺　善于表演技艺的笼鸟有黄雀、金翅、白腰文鸟、斑文鸟、鹦鹉、虎皮鹦鹉、沼泽山雀、蜡嘴雀、锡嘴雀、交嘴雀、鹩哥、太平鸟、白腰朱顶雀、芙蓉鸟、相思鸟、黄鹂等。这类鸟小巧玲珑,轻捷活泼,机敏灵巧。经过调教特定强化训练后,能学会衔物、接物、翻飞及衔取小型道具等多种技艺动作。

(6)打斗　雄性画眉、棕头鸦雀、鹌鹑、鹪鹩、鸡等,都是好斗之鸟禽,可观赏打斗。

(7)驯养狩猎　狩猎鸟均较凶猛、强悍,体质强壮,耐饥饿。能驯养的鸟在我国主要有苍鹰、雀鹰和鸬鹚、灰伯劳等,国外还有训练金雕的。

(8)竞翔鸟类　主要指信鸽。鸽子可分为观赏鸽、信鸽和食用鸽几类,其中信鸽在国防、科研上都有特殊用途,鸽子竞翔比赛是少数人们喜爱的体育项目之一。鸽子具有飞翔能力,受过训练后可以传递信息,赛鸽则为人们提供了休闲的乐趣。

二、常见观赏鸟的生活习性与品种识别

1. 虎皮鹦鹉

虎皮鹦鹉(图 3-1)是一种深受人们喜爱的笼养鸟,又叫娇凤、阿苏儿、彩凤,属鹦形目鹦鹉科。它于 1840 年由澳大利亚传入英国;1850 年在比利时安特卫普动物园繁殖成功;1872 年在比利时初次培育出黄化型虎皮鹦鹉;1875 年在德国也第一次培育出黄化型虎皮鹦鹉。到目前为止,黄化型虎皮鹦鹉被各国人民所饲养。我国是在 19 世纪 40 年代传入的。虎皮鹦鹉的鸣叫虽不悦耳动听,但羽毛颜色十分抢眼,全身羽毛由黄、黑、绿、蓝、青等七种不同颜色组成,色彩鲜艳而和谐,给人一种美而不俗的舒适感,深受国内外养鸟者的喜爱。

图 3-1　虎皮鹦鹉

原种虎皮鹦鹉的体色主要为黄绿色,头及背部为黄色,并带有黑色横纹。体长只有 20 cm 左右,在鹦鹉科中属于小型品种。虎皮鹦鹉的腰、胸及腹部均为绿色;尾羽则呈黄色且很长,但中间却有两支蓝色尾羽,很是明显,颊部有蓝黑色圆斑。头圆,嘴短而硬,上嘴有钩曲似鹰嘴,嘴基有蜡膜。腿较短,两趾向前,两趾向后,适于在树上攀缘。雌雄虎皮鹦鹉的体色大体上一样,但是雄虎皮鹦鹉在发情期间变成深蓝色,雌虎皮鹦鹉则相应变化为肉色,老雌虎皮鹦鹉的蜡膜则变化为姜黄色。人工培育的虎皮鹦鹉要比自然生虎皮鹦鹉的颜色、品种多,一般可见下列五型。

(1)玉头型　为稀有的品种,一种头部白色,其他部位为淡蓝色;另一种头部黄色,其他部位为绿色。

(2)波纹型　国内饲养的虎皮鹦鹉主要是这一类型。体表的虎皮斑纹与原种相似,但有蓝、绿、黄等多种颜色。

(3)白化型　有两种,一种全身洁白如雪,眼睛红色,称白红眼虎皮鹦鹉;另外一种体羽白色,全身分布有大块的黑斑点,称云斑虎皮鹦鹉。

(4)黄化型　眼睛红色,全身黄色,但有深黄与淡黄之分。

(5)淡色型　分上体深黄、下体绿色和上体白色、下体蓝色两个品种,翅上均有黑色斑点。

虎皮鹦鹉杂食性,野生虎皮鹦鹉常在山丘的林间活动,秋季飞至四野啄食谷物,其嘴坚硬,像一把拔钉子的钳子,再硬的果壳也能被它们撬开。除此之外,它们还吃植物种子、浆果及植物的嫩叶等。虎皮鹦鹉一般寿命可达 15 年,而以 4～5 年内繁殖能力最强,每窝产卵 4～8 枚。晚成鸟 20 d 以后羽毛出齐,30 d 以后出窝,幼鸟长到 5～6 个月达到性成熟。

虎皮鹦鹉经过训练后不仅能学会爬梯子、跳绳子等技艺,还可训练成手玩鸟。虎皮鹦鹉耐寒性较强,但生活环境温度不能低于 5 ℃。虎皮鹦鹉不需遛鸟,不喜水浴,天热时可喷雾淋浴。

图 3-2　大绯胸鹦鹉

2. 大绯胸鹦鹉

大绯胸鹦鹉(图 3-2)又称四川大鹦鹉、长尾绯胸鹦鹉,属鹦形目鹦鹉科。主要分布于我国四川、云南、广西以及西藏东南部,还有印度北部等地。属国家二级保护鸟类。大绯胸鹦鹉善于模仿人类的语言。

大绯胸鹦鹉体型较大,长约 45 cm,嘴粗短有力,呈钩状。从颜色上看,雄鸟上嘴呈橘红色,下嘴为黑色;雌鸟嘴均呈黑色,额基部有一条黑纹向左右延伸至眼圈,自下嘴基部有一对黑色带状斑延伸至颈侧。头部紫灰色,面颊绿色,后颈部及上体均为艳绿色且光泽感强,飞羽黑色,覆羽绿色,喉及胸部为葡萄紫色并染有紫蓝色,尾下覆羽绿色。楔状尾,中央尾羽特长,呈天蓝色,尖端绿色。跗脚暗灰绿色。它们的食物主要为植物种子、果实、浆果、嫩枝及幼芽等。

还有一种鹦鹉叫绯胸鹦鹉,又叫四川鹦鹉、红嘴绿鹦哥,生活在云南西南部至东南部、广东西南部及海南。体重 150 g,体长 33 cm。

3. 牡丹鹦鹉

牡丹鹦鹉(图 3-3)属鹦形目鹦鹉科,又叫情侣鹦鹉、黑头鹦鹉、蜡嘴鹦鹉。野生原始种有 9 种,人工培育有 100 多个品种。牡丹鹦鹉的体色十分艳丽,原产地在非洲,是国外一种常见的笼养观赏鸟。后来引入我国,在动物园中展出,受到了人们的欢迎,现已成为家庭饲养的观赏鸟。牡丹鹦鹉体长 14～18 cm,属小型鹦鹉,尾短而圆,眼睛周围有一白圈,头部呈红色、灰色、棕色或黑色,嘴呈红色。牡丹鹦鹉在我国分两个类型:黑头牡丹鹦鹉,其体长约 14 cm,嘴红色，眼及蜡膜为白色，头部黑褐色，颈部有赤黄色的环带，上胸橙红色，背与翼为绿色，但翼端为黑色，尾羽绿色，脚灰色；棕头牡丹鹦鹉，其头部为棕褐色，故而得名。尚有红头、黄头牡丹鹦鹉等品种。

4. 黄化鸡尾鹦鹉

黄化鸡尾鹦鹉(图 3-4)属鹦形目鹦鹉科。是 20 世纪 50 年代后期才出现的新品种，在它之前的 20 世纪 40 年代，美国加州首先出现了鸡尾鹦鹉，但是杂色的。由于鸡尾鹦鹉是由佛罗里达州的饲养者穆恩夫人培育出来的，因此，它最初的名字叫作“月光”。黄化种曾是鸡尾鹦鹉中最流行的类型，但黄棕色种、白脸种、银白种和纯白种现在也非常流行。

黄化鸡尾鹦鹉身长为 30 cm。喜食较小的谷类种子、向日葵、绿色食物和水果。雌鸟的尾羽下侧有横纹。孵化期为 18 d，28 d 后羽毛长成。幼鸟与成年雌鸟相似，但尾羽较短。黄化鸡尾鹦鹉的平均寿命 18 年。刚饲养的成鸟很快可适应环境，对其他种类没有攻击性，叫声清脆清亮。

图 3-3　牡丹鹦鹉

图 3-4　黄化鸡尾鹦鹉

5. 蓝眼凤头鹦鹉

蓝眼凤头鹦鹉(图 3-5)属鹦形目鹦鹉科。不管是野生还是人工养殖的数量都很稀少，它们是最友善、最爱玩的一种，喜欢新奇的物体，喜被人赞扬。它们有着强而有力的鸟喙，喜欢啃咬，力道很强劲。蓝眼凤头鹦鹉人工养殖的平均寿命 40 年，但野生的平均寿命高达 50～60 年。饲养初期的鸟较为胆小害羞，与其他大型凤头鹦鹉一样，食物需供热量较高的坚果类，葵花子、蓖麻籽等，日常饲喂混合种子与蔬果。

蓝眼凤头鹦鹉头部有向后弯曲的黄白色圆弧状羽冠，翅膀和尾羽内侧也有黄色的羽毛。眼睛外围有明显蓝色的眼圈，鸟喙为灰黑色，成熟公鸟的虹膜为深棕色，母鸟的为红棕色。

6. 百灵

百灵(图 3-6)属雀形目百灵科。又名蒙古鹨、蒙古百灵、塞云雀、华北沙鹨等。分布于东半球。我国境内有 6 属 13 种，主要分布在内蒙古的呼伦贝尔市、林西县和鄂尔多斯市，河北张家口等地区。

图 3-5　蓝眼凤头鹦鹉

图 3-6　百灵鸟

百灵鸟体长 13～20 cm，体重 46～72 g，雄鸟的额部、头顶周围和后颈呈栗红色，头顶中部为棕黄色。背部的羽毛大体上呈土棕色。两翼黑褐色，外侧有白斑。喉部白色，胸部两侧有黑色斑块，腹部沙白色。雌百灵的外形与雄鸟相似，只是眼睛显得圆而小，眼神也不如雄鸟明亮，额部和后颈呈棕黄色，胸部两侧的黑斑不如雄鸟明显。

百灵鸟是寒带鸟，野生百灵栖息于广阔荒漠的草原上，属于地栖性鸟类，从不栖息枝头，故喜沙浴、日光浴。百灵鸟笼内不设栖架，仅在笼底的中央设一圆形木质高台，百灵鸟可经常站立台上仰首高歌。百灵鸟笼一般分为大、中、小型 3 种，均为圆形竹笼。大型笼一般高 120 cm，笼底直径 60 cm；中型笼高 45～60 cm，笼底直径 45 cm；小型笼高 20～30 cm，笼底直径 30 cm。大型笼也可制成按需要调节高度的升降高笼，升高后专供百灵鸟飞舞鸣唱，但不便于移动或运输。笼底用薄木板制成，笼壁的下部以木片或竹片封闭，封闭高度为 3～5 cm，以利于笼底铺垫细沙，供百灵鸟沙浴。笼壁以竹片封闭之上方，设有圆形孔洞 1～2 个，食缸及水罐固定在洞外的笼壁上，鸟头可以自由伸出笼外取食或饮水，也便于随时添加饲料和饮水，还可避免笼内细沙及粪污混入食水之中而有害于笼鸟健康。沙子最好用河沙，因沙细而柔软，且凉性较大，鸟沙浴时会感到清凉舒适，并可以擦拭羽毛，使羽整齐。笼里的沙子要常筛滤，并及时将鸟粪和其他杂物清理掉，用水冲洗干净。沙子用过一段时间后，应放在太阳下暴晒消毒。鸟笼悬挂在通风、凉爽的地方，严禁太阳暴晒。百灵鸟对遛鸟、水浴要求不高，只有在天气炎热时，用水将鸟体喷湿即可。

百灵主食野生植物的种子，兼食昆虫。百灵的羽毛并不很出众，优势在于它的悦耳嗓音，它有东、西口百灵之分。东口百灵能站台歌唱，其羽毛为青褐色，跗跖部近褐色，后趾及爪较长；西口百灵善舞鸣，羽毛棕色，跗跖部为红色。

7. 灰文鸟

灰文鸟(图 3-7)是一种世界性笼养鸟，原产地在苏门答腊、马来半岛等地。属雀形目文鸟科。野生的鸟经过长期人工饲养和繁殖，已有多种不同颜色的新品种问世。灰文鸟饲养数量和品种的增加，一方面可满足广大养鸟爱好者的需求，另一方面可减少对野生鸟的捕捉，对保护自然界鸟类资源有一定作用。

灰文鸟如麻雀般大小，嘴、眼圈、爪为红色，身体为灰色，有黑白的羽毛。成年灰文鸟除观赏其羽毛外还可听其叫声，雄鸟叫声尖锐，是拉长音，发出“啾、啾”的声音。雌鸟只发出“嗽、嗽”的短音。人工培育的灰文鸟新品种，在颜色上较自然繁殖的灰文鸟多一些，可分为花色、白色和驼色三种类型：花色文鸟，体羽为浅灰色，带有百花；白色文鸟，全身好像覆盖着一层圣洁的白雪，加上红嘴、红脚、红眼睛，显得非常典雅；驼色文鸟，体形比白灰文鸟稍大，体羽为驼色，两颊有大白斑，是最新培育出的新品种，繁殖力较低，体质较弱，但由于颜色特殊，所以很受养鸟者的青睐。

灰文鸟的雌雄鉴别难以从羽毛颜色上判断，但鸣叫声有所不同，而且细看嘴峰，雄鸟稍高，雌鸟较平；再观眼圈，雄鸟红色完整，雌鸟红色浅淡且有缺刻处。

8. 五彩文鸟

五彩文鸟(图 3-8)属雀形目文鸟科，又名胡锦鸟、胡锦雀。七彩文鸟原产于澳大利亚。是一种羽毛艳丽而闻名于世的观赏鸟，羽毛有 7 种颜色，十分漂亮，故被誉为“鸟中美男子”。鸟体有黄、红、蓝、紫、黑、绿及过渡色之分，因而又有七彩文鸟之分。

上体绿色，下体黄色，头、脸颊部为玫瑰红、黑色、黄色，嘴前端粉红色，嘴角乳白色。后额为蓝色，并一直延伸到颈下构成环状，下颌黑色，颈后及背均为绿色。胸部为葡萄紫色，腹部为淡蓝色，腰部和尾上的羽毛为海蓝色，尾下的羽毛渐为白色。跗跖、趾则为肉粉色。五彩文鸟体长 11 cm 左右，成鸟雌雄有别，雌鸟羽色较雄鸟淡。雏鸟很难分出雌雄，换羽后的幼鸟才能分辨雌雄。五彩文鸟鸣声低细婉转，悦耳，不吵不噪，令人喜爱。经过人类的长期繁育，五彩文鸟现有 20 多个品种，这些新品种的体羽颜色更加绚丽多彩，数量稀少，愈显珍贵。这些新品种主要有：红头七彩文鸟、黑头七彩文鸟、黄头七彩文鸟。

图 3-7　灰文鸟

图 3-8　五彩文鸟

9. 金丝雀

金丝雀(图 3-9)也被称为芙蓉鸟、白玉、白燕、玉鸟,属雀形目雀科。原产地为大西洋中的加纳利群岛,但现在世界各地已普遍饲养。金丝雀性情温柔,饲养简便,是人们喜爱的笼养鸟之一。金丝雀羽毛艳丽,叫声婉转圆润,是不可多得的珍贵笼鸟,现已培育出许多品种。该鸟野生时羽色呈灰色,经过人工饲养后羽色变化较多,有黄、绿、白、红、咖啡、灰褐等色。

10. 画眉鸟

画眉鸟(图 3-10)又叫虎鸫、金画眉,属雀形目鹟科画眉亚科。是我国独有的珍贵鸣鸟,原产于甘肃、湖北、安徽、江苏以南,以及四川、云南等地。画眉鸣声洪亮,婉转多变,富有韵味,被人们赋予“林中歌手”和“鹛类之王”的美称。是我国传统的笼养鸟,并驰名海外。

画眉体长 21～24 cm,体重 60～80 g。嘴呈黄色,眼周围白色,眼的上方有清晰的白色眉纹向后延伸,细长如画,犹如用白色的漆描绘而成,故有“画眉”之称。上体为橄榄褐色,头和上背羽毛具深褐色轴纹,下体棕黄色,腹部中央乌灰色,腿为黄色。雌雄鸟颜色趋同,若想区分它们,只能从鸣叫声判断。雏鸟的羽色较成鸟浅,并呈棕色,口腔为橘黄,嘴缘为黄色。

画眉喜爱安静,多独处,偶尔结成小群。常栖居山区、丘陵地带的灌木树丛或竹林。春天发情季节,雌雄成对生活。雄鸟性野嗜斗,占有一定的区域,如果其他鸟进入占领区,它会立即追赶,甚至撕斗,因此画眉往往又作为斗鸟。画眉是杂食性鸟类,主食蝗虫、蚂蚁等各种昆虫,嗜食松毛虫,也吃植物种子和野果。饲养画眉要重视水浴和坚持遛鸟。水浴每天或隔天 1 次,天冷时要提高水温,严冬和换羽期可不水浴。遛鸟必须每天坚持,一般在清晨遛 0.5～1 h,遛完鸟后,将鸟笼挂在环境幽静的地方,两笼之间距离保持 2～4 m,让其自由鸣唱。

图 3-9　金丝雀

图 3-10　画眉鸟

11. 红嘴相思鸟

红嘴相思鸟(图 3-11)属雀形目鹟科画眉亚科,又名相思鸟、红嘴鸟、五彩相思鸟、红嘴玉,主要栖息繁衍在我国秦岭以南、长江流域及其以南的丘陵森林地区。红嘴相思鸟的羽色华丽、体姿优美、鸣声美妙婉转。相思鸟的栖息地为混交林、针叶林、阔叶林及灌丛中,它们的迁移为季节性垂直迁移，冬季时迁到山脚下、低山或土丘陵中生活，平时集群活动，在树丛下寻觅食物，也在树林中层、树冠或灌丛间穿梭跳跃，偶见于地面活动。

红嘴相思鸟生性活泼，在鸟笼中整天不停地蹦跳和鸣叫。鸣声多变，清脆响亮，音调悦耳，相思鸟一般不学其他鸟叫，只能叫本口。性情温顺不惧生人，但在繁殖季节有些羞怯似的，避不见人，喜欢成对在僻静处活动，雌雄间寸步不离，亲密无间。饲养红嘴相思鸟最好成对饲养，着重欣赏它们之间相互依偎、理羽、亲密无间的情趣。红嘴相思鸟以各种昆虫为主食，如松毛虫、飞蛾的幼虫等，也吃野生植物的果汁、种子等。

12. 红胁绣眼鸟

红胁绣眼鸟(图 3-12)也叫紫档绣眼、粉眼儿、绣眼儿、竹叶青等。分类学上属于雀形目绣眼鸟科绣眼鸟属。分布于我国东北、华北、华东、华中、华南和西南地区，以及俄罗斯东南部、朝鲜、缅甸和中南半岛等地。

体长 10～12 cm，体重 7～13 g。头顶、后颈和上体主要为黄绿色。眼圈白色，因此得名。飞羽黑褐色，尾羽暗褐色，颏、喉、胸部黄色，腹部白色，胁部栗红色。虹膜褐色。上嘴褐色，下嘴肉色。脚浅蓝色。栖息于山地、平原和居民点附近的树林中。主要以蝗虫、金龟子、瓢虫、蚜虫、蜂象等为食，也吃花蜜、草籽、野浆果和成熟香蕉、柿子等的果肉。繁殖期为 4—7 月。在树上营小巧而精致的吊篮状巢，由羽毛、细草、蛛丝、地衣、纤维织绕而成。每窝产卵 3～4 枚。卵为纯天蓝色或纯白。孵化期为 11～13 d。雏鸟出壳后需亲鸟喂食。

绣眼鸟科还有一种暗绿绣眼鸟，体长 10 cm 左右，绿身、白腹、白眼圈，是很有名的观赏鸟。

图 3-11 红嘴相思鸟

图 3-12 红胁绣眼鸟

13. 八哥(图 3-13)

八哥(图 3-13)属雀形目椋鸟科，又名黑八哥、凤头八哥、唰唰鸟、寒皋等，主要分布于我国陕西、云南、河南及长江流域以南各省，为当地的一种留鸟。八哥通体黑色，额前具羽帻，两翅有白色翼斑，飞行时十分明显，似“八”字，故有八哥之称。尾羽先端也白。虹膜橙黄色，嘴乳黄色，跗脚黄色。体长 24～26 cm，体重约 124 g。

八哥常在平原的树林及田园、村庄的树梢上活动，白天喜在大树上或屋脊上栖息。性喜集群，常 5～10 只，甚至几十只一起活动在田野、树林中。夜晚来临，成群舞翔于林中空地或林枝间，然后在竹林、大树上宿栖。鸣声嘹亮，还能仿效其他鸟鸣，而且鸣声多变。经训练的八哥还能模仿人语，深受人们喜爱。八哥雌雄同色，主要是听鸣叫判定雌雄，鸣叫声优美激昂者为雄鸟，鸣声低沉而不悦耳者为雌鸟。

八哥属杂食鸟类，极爱啄食动物身上的寄生虫、蚯蚓、昆虫、蠕虫、植物种子、浆果、蔬菜等。八哥喜水浴，常能在水浴时鸣唱，夏季每日或隔日 1 次，春季和初秋适当减少次数，冬季则很少水浴。水浴时常将浴笼放入水盆中，水深约到八哥跗骨上关节处，水温不能太低。八哥产于南方，习性怕冷，故鸟笼要有笼衣，夜间要挂在室内，不能挂在冷风过道口，冬天要特别注意保暖，晴天多给八哥日光浴。

14. 鹩哥

鹩哥（图 3-14）属雀形目椋鸟科，又名秦吉子、海南八哥，分布较稀，仅在我国云南南部、广西西南部及海南岛等地出现。鹩哥的鸣声婉转、极富韵律，善仿其他鸟的鸣声和人的语言，是闻名于世的玩赏鸟之一。自然界中的野生鹩哥数量已不多，但人工繁殖已初步成功。

成年的鹩哥体长约 20 cm，通体黑色并带有金属光泽，嘴与脚为橙黄色，自眼至头后有鲜黄色肉质垂片，两翅具白斑，飞行时白斑更为明显，雌雄鸟的体羽颜色相同，很难从外观上区别开。

野生鹩哥是杂食性鸟类，爱吃野果及植物种子，也兼吃一些昆虫。野生鹩哥的繁殖期为每年 2—5 月，一年可繁殖 1～2 次。巢常建于树洞或一些缝隙中。卵为蓝色，但有淡紫和红褐色斑点。雄鹩哥在发情期间，十分活跃，鸣声增多且增高，而雌鸟翅下垂抖动，并发出声响，雄鸟边鸣叫边追逐雌鸟，当情投意合后，就进行交配。

图 3-13　八哥

图 3-14　鹩哥

三、饲养观赏鸟的器具

（一）鸟笼

用鸟笼养鸟便于携带、放置，也便于观赏，一般是一鸟一笼单养居多，也有多鸟合笼饲养的，如珍珠鸟、十姐妹、虎皮鹦鹉等。鸟笼以方形和圆形的居多，也有屋舍形、亭台形的。选购或制作鸟笼时，先考虑养鸟的大小、习性等因素，再考虑自己的爱好。鸟笼材质有竹材、金属丝、优质木材等，有的鸟笼制作精巧，雕镂镶嵌，极其讲究，本身就是十分优美的工艺品，更增添了饲养观赏的情趣。按用途鸟笼大致分为观赏笼、串笼、水浴笼、繁殖笼、囿子笼、运输笼等。

（二）鸟架

一些尾羽长的鸟，如鹦鹉、红嘴蓝鹊、寿带鸟等，笼养易损坏其美丽的长尾，有碍观赏，故用架养；黑头蜡嘴雀、黑尾蜡嘴雀、锡嘴雀、交嘴雀等玩赏鸟，为了便于训练和调教也用架养，用细铁链或线绳将鸟拴于架上。鸟架的制作材料有金属和木质两种，除鹦鹉类因嘴强健有力，需用金属架以外，其他均宜用木质架。鸟架的形状可分为直架、弯架和弓形架三种。

鹦鹉鸟架分挂式与直立式两种，由下列几部分组成：一根像栖木一样的 40 cm 长的有机玻璃棒，专为鹦鹉栖息用。在栖息棒的两头固定食罐、水罐及杂食罐。并备有一根链子，一头系在栖息棒上，另一头系在一个活圈上。活圈由铅丝或铜丝制成，套在鹦鹉的跗跖上。有的挂架还在栖木下部设一个接粪的木盒子，盒内放以木屑或砂粒，这样粪便就不会直接沾在木盒上。其他鸟架采用挂式木质鸟架，但需要将活圈的线绳缚于颈项间，活圈也是用铅丝或铜丝制成，蜡嘴雀等可以用 18 号铅丝，黄雀、朱顶雀用 20 号铅丝。直架为 40～45 cm 长的硬木直棍，栖架的前端 10～15 cm 处用线绳缠上，活圈拴在架的前端。黑头蜡嘴雀、锡嘴雀的鸟架可用梨木、枣木或黄柏木制作，架的直径为 1.3～1.5 cm；交嘴雀用六道木制作，架的直径为 0.7 cm 左右。弯架为上端弯形，设有食罐、水罐，下端直径 1 cm 左右，用金属托固定的鸟架。弯架应选择有自然弯曲的梨木或酸枣木制作，是比较讲究的一种鸟架，常用于饲养点颏、伯劳等鸟。弓形架通常是把富有弹性、粗细均匀的直木棍弯成规则的弓形，弓弦用一直棍固定，作为供鸟栖息的栖杠。食罐和水罐置于栖杠两端，下边是一个横木板，用于托粪便，栖杠和托粪板之间要有一段距离，防止粪便污染鸟尾，但又要防止鸟撞，故要有竖直板相隔。弓形架的大小、栖杠的粗细、栖杠与托粪板之间的距离，要根据鸟体的大小、尾的长短设计。

（三）栖木和停台

那些善于攀缘的观赏鸟必须在笼舍中设置栖木和停台。栖木可用木材、竹材或金属丝做成，用木材的较为常见。栖木的大小应根据鸟来确定。一般要求是鸟抓住栖木后留有适当的空隙为宜，为了让鸟站稳不至于滑落且能磨去过长的爪甲，也可在栖木表面贴砂纸。大、中型的鸟笼可设置 2 根栖木，一高一低。有的设置能晃动的栖木，可以使鸟增加活动。

（四）食具和水具

食具和水具是用来盛放饲料和饮水的器具，以瓷质制成的为好，既美观雅致，又易于洗刷清洁。由于饲养鸟的种类不同，其食物结构是有差异的，即便是同一种鸟，其食物也是多种多样，食具有多种形式。食罐、水罐不仅是养鸟必备的器具，也是一种装饰。画眉食罐常见的有瓷罐、塑料罐、金属罐等。除中、大型鹦鹉类的鸟用金属罐外，一般都用美观大方的瓷罐，鸟舍中多用结实耐用、不怕摔的塑料罐，以及大盆、盘或食槽、水槽等。食、水罐的形状和样式多种多样，常见的有缸式罐、柿形罐、桶形罐、六角罐、盂式罐、牛心罐、沙土罐、枕式罐、虫子罐等；按用途分有粟子罐、蛋米罐、菜罐等。粟子罐有陀螺形、花瓶形、臼形等，一般口小腹大，适合盛放粟、黍、苏子等颗粒饲料，也可以作水罐。蛋米罐呈腰鼓形，也可以用粟子罐代替。菜罐是较深的直筒形罐，罐底贮水，可以使插在罐内的青菜保持新鲜，有利于鸟啄食。此外，还有一种菜插，一般用竹制成，在较重的底盘上可用天然去皮树根，其次是树枝，以圆形略扁最适合鸟抓握。

(五)巢窝及育雏巢

巢窝一般用小木条、竹条、稻草及羽毛构成。育雏巢一般用稻草编制而成，根据雏鸟的多少，育雏巢可大可小。此外，还有用三合板做得像小房子形状的巢箱，供鹦鹉等使用。

(六)其他养鸟用具

笼罩、圆筛、饲料缸、加食匙和加水漏管、喂食匙和喂食杆、湿料铲、水壶、研体、笼刷、粪垫、浴盆、脚环等。

技能操作 〉〉〉

一、常见观赏鸟的识别

操作目的　掌握常见观赏鸟分类识别方法及各种鸟主要特征。

操作材料　分别准备观赏鸟的标本、CAI 课件、图片或对动物园观赏鸟及观赏鸟市场进行参观。

(1)鹦鹉科　虎皮鹦鹉、大绯胸鹦鹉、牡丹鹦鹉、鸡尾鹦鹉、绯胸鹦鹉等。

(2)百灵科　百灵、云雀等。

(3)文鸟科　灰文鸟、金山珍珠、五彩文鸟、十姐妹、白头文鸟等。

(4)雀科　金丝雀、金翅雀、黄雀、朱雀等。

(5)鹟科　画眉鸟、红嘴相思鸟、红点颏、蓝点颏、乌鸫等。

(6)山雀科　大山雀。

(7)绣眼鸟科　红胁绣眼鸟、暗绿绣眼鸟。

(8)椋鸟科　八哥、灰椋鸟、鹩哥、丝光椋鸟。

(9)鹰科　苍鹰、雀鹰。

操作要求　根据实际情况，对上述 9 科的鸟任选 1～2 个品种，将各种观赏鸟分类，观察其主要特征，并记入表 3-3。

表 3-3　观赏鸟的品种特征识别

鸟名	分类	分布	主要特征	食性	繁殖习性	观赏特征	经济价值

二、判断鸟的年龄

操作目的　掌握鸟年龄判定的方法，以利于选择正确的保健方法。

操作材料　根据实际情况，选择常见的品种，如虎皮鹦鹉、大绯胸鹦鹉、牡丹鹦鹉、鸡尾鹦鹉、金丝雀、金翅雀、画眉鸟、红嘴相思鸟、大山雀、红胁绣眼鸟、暗绿绣眼鸟、八哥、鹩哥等。

操作要求　从以下几方面观察，对鸟的年龄进行判断。

（1）羽毛　年龄小的鸟比年龄大的鸟体羽油光发亮，色彩也鲜艳。

（2）趾腿皮肤　幼鸟趾、腿上的皮肤比较细嫩，换羽1～2次后尚没有鱼鳞斑状的皮，随年龄增长，鱼鳞斑状皮越来越明显，皮质也越来越厚。年幼的鸟的腿、趾、爪的皮肤呈褐色，油亮且淡红，随年龄增长，褐红色彩逐渐淡化为白色。

（3）喙部颜色　喙部颜色的变化通常与鸟的年龄有关，如虎皮鹦鹉幼鸟上喙基部蜡膜为浅粉红色，到性成熟时，雄性鸟的蜡膜变成蓝黄色，雌性鸟的蜡膜变为粉红色。年龄越大蜡膜的颜色越深，到老年时雄性鸟的蜡膜变为深蓝色，而雌性鸟的蜡膜变为姜黄色。

课后思考 〉〉〉

1. 虎皮鹦鹉、牡丹鹦鹉、大绯胸鹦鹉、八哥、鹩哥的地理分布及形态特征、生活习性。
2. 百灵鸟、画眉鸟、红胁绣眼鸟、五彩文鸟、灰文鸟的形态特征、生活习性。
3. 根据哪些方面来判定鸟的年龄？举例说明。

知识拓展 〉〉〉

一、画眉的雌雄鉴别

画眉雌雄同色，从外形上很难区别，因此有“画眉叫，神仙不知”的说法，也就是说要想判定雌雄，最为准确的方法就是听其鸣叫。雄鸟鸣声动人，音韵多变；雌鸟叫声单调只有一个音阶。当然，有经验者还是能通过仔细观察，从体表的细微差别分辨雌雄。画眉的雌雄鉴别见表3-4。

表3-4　画眉的雌雄鉴别

类别	鸣声	体形	头形	羽腿
雄鸟	婉转动听 音韵多变	毛紧 体形修长	头大而宽	头顶、颈、胸部羽毛条纹明显而有光泽，尾羽宽厚，腿粗壮，爪盘较大，前趾较大，后趾短粗，末端有圆球
雌鸟	鸣叫单调 一个音阶	体形短胖	头圆而小	头顶、颈、胸部羽毛条纹较浅，且短于雄鸟，尾羽短薄，腿稍细，爪盘小，后趾细长，末端无圆球或球状不明显

二、笼鸟握法

笼鸟纤嫩、脆弱，握鸟时动作要松，比较常见的握法有以下几种。

(1)将右手的拇指和食指捏在一起，靠近虎口处形成“O”形，抓牢鸟的颈部，两指的结合部捏住鸟的两腿。捏住两腿是握鸟的关键动作，这样鸟的两条腿的蹬抓力量将大大减弱。整个手掌握住鸟的背后，中指和无名指沿着鸟的腹部自然弯曲，小指握住鸟的尾羽或肛门外，整个鸟体卧仰在手掌上，使趾(爪)和头向上，以便检查鸟体各部位。八哥、蜡嘴雀嘴粗大有力，若捕捉不当，手指常会被咬伤。捕捉时，宜一只手逗引鸟注意，另一只手从其背后捉，用拇指和食指掐住其嘴基部，或用食指、中指掐住颈部，使鸟头不能旋转，以免被咬伤。

(2)右手的拇指和食指把鸟的颈部握住，小指和无名指握住鸟的肛门及尾部，中指自然弯曲，掌内留有较大空间，握住鸟的躯体，并可用手握控鸟的翅膀。此法可用于检查眼睛，修剪爪子，或进行药物治疗。

(3)拿鸟时，用拇指和食指夹住小鸟的头，用手掌把小鸟的身体包住，或者两手合成茶杯状把小鸟的身体完全包住。

知识链接 〉〉〉

1. https://www.yxhqj.com/niao/106508.html(萌宠乐园)。
2. http://niaolei.org.cn/category/pet(鸟类网)。

任务三 观赏鸟的卫生保健

学习目标

1. 掌握观赏鸟疾病的预防技术。
2. 掌握观赏鸟的日常健康检查方法与要点。
3. 了解观赏鸟的保健与美容，包括鸟羽毛、喙、爪的清洁护理与修整，特殊生理期的保健。

学习内容

一、鸟的日常健康检查

人们在爱鸟的同时还要护鸟、惜鸟，这就要求养鸟者每天要有一定的时间认真观察笼鸟的活动，以便了解鸟的健康状况，发现问题及时解决。观察笼鸟活动的主要内容有笼鸟的排泄物、鸣叫、觅食、呼吸及精神状态等。

1. 观察笼鸟的粪便

鸟类的排泄系统主要由一对后肾及一对输尿管组成。每一肾脏分成前、中、后三叶，每叶间的深沟是肾静脉分支通过的地方。每只鸟肾的重量占总体重的2%左右，肾小体的数量比哺乳动物的多两倍。输尿管较短，由肾脏腹面发出，开口于泄殖腔。鸟类无膀胱(鸵鸟例外)，尿液经输尿管至泄殖腔而排出体外。鸟类的尿液不像哺乳动物那样先贮存在膀胱，而是直接排出体外。尿液呈半凝固状，经过空气的氧化，结果成白色。

注意粪便的颜色、质地和气味。消化正常的笼鸟粪便成条状，外层呈乳白色或白色，软硬适度；消化不良的笼鸟，其粪便不成形，并带有黏液或泡沫，甚至混有血液，或有其他异味，泄殖腔周围羽毛常沾有粪便；若粪便出现白色、黑色甚至血红色，呈稀糊状，有恶臭等症状，应考虑是否消化道感染，或肝炎、肾炎等；如是寄生虫感染可在粪便中找到成虫。

2. 观察笼鸟的精神状态

鸟类的神经系统较爬行动物的发达，故对外界刺激反应较其他脊椎动物快。鸟类脑的结构虽然像爬行动物，但其体积增大，且产生弯曲，大脑较发达。这是鸟复杂的本能活动和“学习”的中枢。鸟类的间脑较小，又名为丘脑。据间脑不同部位的功能而分成上丘脑、丘脑及丘脑下部。后者形成间脑的底部，为体温调节中枢。鸟类的中脑背面形成一对视叶，比较发达，被大脑与间脑挤压到大脑的下部两侧，是视觉反射中枢。小脑发达，呈卵圆形，可划分成中央的蚓部和左右的侧叶，是鸟类动物的协调及平衡中枢。鸟类的脊髓前端与延脑相连接，贯穿在脊柱的髓弧中，直达尾部。在脊髓的臂部与腰部膨大，由此发出许多神经纤维，分别分布到前肢与后肢。因而，前肢与后肢的感应运动十分灵敏。

鸟类的感觉器官中，视觉最发达，听觉次之，嗅觉退化。这些特点是与飞行生活适应的，视觉是飞翔定向的主要器官。鸟类的眼睛比所有的脊椎动物都发达，眼球扁，适于远视，因而对高空飞翔觅食有利。接近物体时，原适于远视的扁平眼球，即迅速调节成凸出的眼球，使其适合近视觅食或视物。绝大多数鸟类仅用一侧眼觅食或视物，有的猛禽如猫头鹰，通常利用左右双侧眼睛。

3. 观察笼鸟的采食量

鸟类嘴无牙齿，但有唾液腺，主要分泌黏液。食虫鸟的唾液腺发达，食谷鸟的唾液中有消化酶。口腔上腭有一腭裂，内鼻孔开口于裂缝中。口腔底部有舌，一般呈三角形，细长，尖端角质化，在舌根的后上方有喉头的开口。

鸟类食道与颈的长短相等。某些鸟类在颈基部处的食道膨大成嗉囊，是临时贮存食物的地方。食谷鸟类(燕雀、蜡嘴雀)的嗉囊较发达，而食虫鸟与食肉性鸟类的嗉囊小或消失(如红点颏、蓝点颏、伯劳)。嗉囊分泌一种液体，软化食物。有些鸟类的嗉囊在育雏时可制成食糜，如“鸽乳”喂雏鸽。鸬鹚把鱼肉在嗉囊中软化成食糜喂雏。

鸟类的胃由腺胃(前胃)和肌胃(砂囊)组成。前者分泌的强酸黏液有消化作用。肌胃由厚而坚实的肌肉壁组成，内贮砂粒，可将进入的食物磨碎。因此，人工饲养的食谷鸟类，应定时补给砂粒，以免影响消化。

鸟类的消化能力强，消化过程十分迅速。以谷物或昆虫喂饲雀形目鸟，食物通过消化道的时间，仅需 90 min，而不能消化的食物残渣以粪便形式排出，绿嘴黑鸭的食物通过消化道仅 30 min。这样强大的消化力，为鸟类旺盛的能量代谢需要提供了物质基础。因此，鸟类每天的食量比其他动物相对大，进食的次数也多。如雀形目鸟类一天所吃食物重量，相当其体重的 10%～30%。体重 1 500 g 的雀鹰，一昼夜能吃 800～1 000 g 肉。由于代谢旺盛，能量消耗大，一只蜂鸟，一天所吃的蜜汁相当其体重的 1 倍。例如，红喉蜂鸟休息时，每克体重在 1 h 内消耗氧气 10.7～16 mL。而在飞翔时，则增加到每克体重每小时消耗 85 mL。因此，饲养鸟类时，需重视满足其一天的食量。笼鸟的采食量常与其活动量成正比，若出现觅食减少，需要进一步检查其饲料的种类有无更换，饲料是否变质，环境是否改变，是否受到阳光直晒或直接吹到寒风，是否煤气中毒或使用过杀虫剂，附近的鸟或家禽是否发生过传染性疾病等。

4. 观察鸟的呼吸

在检查鸟的呼吸情况时，要听听有无任何喘息的声音，如果有则有可能患上了寄生虫病或真菌病。例如，胡锦鸟患气囊病后就有喘息的声音。另外留心鸟尾的运动，可观察出鸟的呼吸状况，当鸟休息时很容易观察到。

鸟肺位于胸腔腹面，是缺乏弹性的一对海绵状结构，由失去气管的许多微支气管组成。即由左右支气管延伸及多级分支并失去气管环，在支气管周围分成次级支气管，在次级支气管上又发出更小的支气管或称微支气管，它们尚和背侧或腹侧的支气管相通，共同形成一个海绵体状网。气体在此交换。因此，微支气管是形成鸟肺的基本单位。在支气管与某些次级支气管末端膨大成气囊，共有 9 个。气囊只起一种暂时贮存气体的作用，可以再次至肺部进行气体交换。因此，鸟类的呼吸系统具有双重呼吸作用。正常情况下，笼鸟的呼吸不易被察觉。如发现笼鸟呼吸急促，并出现全身颤动，或伴有杂音可能是呼吸道感染的表现，须及时进行全面分析和治疗。

5. 观察眼结膜、眼睑及鼻腔的湿润情况，有无分泌物或痂皮

眼鼻分泌物的增加是鸟病特征，是受寒或受刺激所致。检查喙有无损伤、畸形或咬合不全，口腔内有无假膜或溃疡。

6. 观察羽毛

观察羽毛的长势，看羽毛是否有光泽，有无脱毛、短毛现象；皮肤有无鳞屑、湿疹、擦伤或出血，有无体外寄生虫；正常换羽期间，羽毛的更换是有规律的，很少形成秃斑，几乎不影响鸟的飞翔能力；如果羽毛粗乱是营养不良的表现。凤头鹦鹉易患一种持续衰竭，最终导致死亡的疾病，即鹦鹉啄羽和羽毛感染症，这种病能传染各种鹦鹉，但凤头鹦鹉患此病的概率最高。啄羽也有可能造成羽毛缺损，有些鸟在新羽刚开始从皮肤中长出时，便将之拔掉，这种习惯一旦形成就很难阻止，因此，不要购买有啄羽癖的鹦鹉。雀类较少有啄羽癖的问题，掉羽通常是因为过分拥挤而造成的。

7. 观察脚趾和脚爪

检查鸟的脚趾和脚爪是否健康也大有必要，不正常的爪会在栖息时造成困难。金丝雀通常是三只脚趾朝前，一只脚趾朝后来抓住栖木。但有些时候，后趾位置生长不正常，在栖木上容易打滑，这在交配过程中也可能出现问题，因为它不能支持自己和配偶的重量。鹦鹉的栖息方式和金丝雀不同，它们的两个脚趾朝前，两个脚趾在栖木后面，因此较少出现上述病症。

8. 体重检查

如果能用手指摸到鸟的龙骨的任何一侧，表示体重太轻了。缺乏营养的鸟较可能导致体重减轻，也可能患了曲霉病之类的慢性疾病，这种真菌感染是软嘴鸟特有的疾病，很少会出现临床症状，通常直到十分严重时才能发现。虎皮鹦鹉肿瘤的早期症状是消瘦。

除了上述必须检查的项目外，还需检查一下鸟的胸骨。健康状况不良的鸟，此部位肌肉萎缩明显，使得胸骨非常凸出。最后检查肛门周围的羽毛是否有污染，粪便沉积在此表示消化状况不佳。

二、观赏鸟的疾病预防

（一）免疫接种

免疫接种是激发观赏鸟机体产生特异性免疫力，使易感鸟类转化为非易感鸟类的重要手段，是预防和控制疾病的重要措施之一，目前观赏笼鸟免疫接种比较少。

1. 免疫接种的方法

免疫接种的方法可分为群体免疫法和个体免疫法。

（1）群体免疫法　是针对群体进行的，主要有经口免疫法（喂食免疫、饮水免疫）、气雾免疫法等。这类免疫法省时省工，但有时效果不够理想，免疫效果参差不齐，特别是幼雏更为突出。

（2）个体免疫法　是针对每只鸟逐个进行的，包括滴鼻、点眼、涂擦、刺种、注射接种法等。这类方法免疫效果好，但费时费力，劳动强度大。

不同种类的疫苗接种途径（方法）有所不同，要按照疫苗说明书进行而不要擅自改变。一种疫苗有多种接种方法时，应根据具体情况决定免疫方法，既要考虑操作简单，经济合算，又要

考虑疫苗的特性,最重要的是保证免疫效果。只有正确地、科学地使用和操作,才能获得预期的免疫效果。

2.制定免疫程序通常应遵循的原则

免疫程序是指根据一定地区或养鸟场内传染病的不同流行状况及疫苗特性,为特定鸟群制定的疫苗接种类型、次序、次数、途径以及间隔时间。

(1)依据传染病的地区、时间和鸟群中的分布、流行规律　有些传染病流行时具有持续时间长、危害程度大的特点,应制定长期的免疫防制对策。

(2)依据疫苗的免疫学特性　疫苗的种类、接种途径、产生免疫力需要的时间、免疫力的持续期等差异是影响免疫效果的重要因素,因此在制定免疫程序时要根据这些特性的变化进行充分的调查、分析和研究。

(3)相对的稳定性　如果没有其他因素的参与,一个地区的观赏鸟在一定时期内传染病分布特征是相对稳定的。若实践证明某一免疫程序的应用效果良好,则应尽量避免改变这一免疫程序。如果发现该免疫程序执行过程中仍有某些传染病流行,则应及时查明原因(疫苗质量、接种时机或病原体变异等),并进行适当的调整。

3.免疫程序的制定步骤和方法

目前仍没有一个能够适合所有地区的标准免疫程序,不同地区或部门应根据传染病流行特点和生产实际情况,制定科学合理的免疫接种程序。

(1)掌握威胁本地区传染病的种类及其分布特点　根据疫病监测和调查结果,分析确定哪些传染病需要免疫或终生免疫,哪些传染病需要根据季节或年龄进行免疫防制。

(2)了解疫苗的免疫学特性　在制定免疫程序前,应对疫苗的种类、使用对象、保存和接种方法、使用剂量、接种后免疫力产生需要的时间、免疫保护效力及其持续期、最佳免疫接种时机及间隔时间等特性进行充分的研究和分析。一般来说,弱毒疫苗接种后 5～7 d、灭活疫苗接种后 2～3 周可产生免疫力。

(3)充分利用免疫监测结果　应根据定期测定的抗体消长规律确定首免日龄和加强免疫时间。初次使用的免疫程序应定期测定免疫鸟类的免疫水平,发现问题要及时进行调整并采取补救措施。初生雏鸟的免疫接种应首先测定母源抗体的消长规律,并根据其半衰期确定首次免疫接种的日龄,以防止高滴度的母源抗体对免疫力产生的干扰。

(4)传染病发病及流行特点决定是否进行疫苗接种、接种次数及时机　主要发生于某一季节或某一年龄段的传染病,可在流行季节到来前 2～4 周进行免疫接种,接种的次数则由疫苗的特性和该病的危害程度决定。

总之,制定免疫程序时,必须充分考虑本地区常发多见或威胁大的传染病分布特点、疫苗类型及其免疫效能和母源抗体水平等因素,这样才能使免疫程序具有科学性和合理性。免疫程序的内容包括疫苗的选择、接种途径、接种时间、接种次数和接种方法等。免疫程序应根据当地的疫情流行情况、雏鸟母源抗体的水平、前次免疫接种的残余抗体水平、免疫应答能力、采用疫苗类型、疫苗接种方法等实际情况制定。

(二)药物防治

观赏鸟饲养中有些疾病(特别是细菌性疾病和寄生虫病)可以通过在饲料中添加药物的方

法预防。目前，使用药物预防最有效果的是沙门氏菌病、球虫病和大肠杆菌病。

1. 常用预防药物

（1）抗生素类　抗生素的药理，是破坏细菌细胞壁或菌体蛋白的合成，使细菌不能正常进行分裂繁殖；从而很快被消灭。有些抗生素也能直接杀菌。抗菌药物连续使用一般不宜超过7 d，以免蓄积中毒，停用 2～3 d 后可再用。

（2）抗真菌抗生素　目前使用较多的是制霉菌素，可用于治疗观赏鸟曲霉菌病、念珠菌病、禽冠癣等真菌病，用药时添加多种维生素。

（3）磺胺类药　能抑制革兰氏阳性菌及一些革兰氏阴性菌。磺胺药若使用剂量过大、时间过长会产生毒性，观赏鸟中毒后会出现一系列病理变化，特别是对肾的损害，并影响鸟的生长。

（4）喹诺酮酸类　诺氟沙星（氟哌酸），临床应用预防和治疗大肠埃希菌病、禽白痢、禽霍乱、葡萄球菌病等，多做成 0.012 5%浓度饮水。其复方制剂如复方诺佛沙星、“菌必净”等，治疗作用更好；盐酸环丙沙星，为新一代氟诺酮类药物，抗菌谱广，对革兰氏阴性菌作用尤强，用于治疗大肠埃希菌病、巴氏杆菌病、鸡白痢、支原体病等，每千克饮水加 50 mg，连续 3～5 d，每千克饲料内加 100 mg，连喂 3～5 d。

（5）抗寄生虫药　包括抗球虫、抗原虫、抗蠕虫及杀灭体外寄生虫等药。该类药物除具杀虫作用外，部分药物还具有增加体重和提高饲料报酬的作用。

（6）添加剂　目前鸟用的添加剂种类较多，主要是补充维生素和微量元素的不足，促进体内物质的合成、转化和代谢，提高机体的抗病能力等。

2. 药物使用方法

（1）拌料　主要适用于需长期性投药，或不溶于水的药物，或加入水中适口性差的药物。一般抗球虫、组织滴虫、蠕虫病的药物要在一定时间内连续用；抗生素用于促生长和控制传染病。这些药物常以拌料投药。

（2）饮水　主要适用于短期或一次性投药，或紧急治疗，或病鸟只饮水不采食，或鸟群大，为了方便省力。饮水投药可用少量水让鸟于短时间内饮完，也可将药物稀释到一定浓度自由饮水。某些药物虽易溶于水，但不能从消化道吸收进入血液，即不能对消化道以外的病原菌起作用，故不宜经饮水投药。另外，鸟的饮水量约为采食量的 2 倍，所以饮水中的药物浓度应是拌料中的一半。无论饮水还是拌料给药，要求浓度均匀，否则易发生部分吃药多而中毒，部分吃不到药而无效。

（3）注射给药　主要是肌内和皮下注射，药物直接进入血液，适用于逐只治疗，特别是紧急治疗。除油剂和长效药物外，多数药物必须注射 2～3 次/d。也可将药粉与面粉加水和为药面丸喂服，这样投药及时、量准，常有良好效果，在个别治疗或紧急治疗时多用。

3. 选择药物的方法

根据疗效高、不良反应小、安全、价廉、来源可靠等原则选用药物。病情不明不能滥用抗生素，其他药物可治好的病不用抗生素，能用一种抗生素治好的病，不用多种抗生素，尤其不能滥用广谱抗生素，以免使病原体产生抗药性，对以后的治疗带来不利影响。有些药物有可能影响免疫反应，在免疫接种时，应避免使用该药，防止影响免疫反应。

4. 使用的剂量

治疗用药剂量一定要准确，剂量大了易发生中毒，剂量小了达不到疗效，反而使病原体产生抗药性，影响以后的治疗效果。预防用药的药量必须小于治疗量。用药时间：预防用药多在雏鸟阶段使用，也可全程使用。具体针对某一种疾病的预防用药时间应根据该病的发病规律而确定。

5. 药物配伍

用药要考虑药物的协同和拮抗作用。

6. 密切注意鸟的动态

用药期间应密切注意鸟群的状态，如疗效、有无不良反应或中毒迹象，发现异常及时向兽医人员报告，分析原因加以处理。在用药的同时更要精心管理，这样有助于发挥药物疗效。

总之，药物是预防、治病的重要武器，但应用不当不仅造成经济上的浪费，而且无法控制疫病的发生，甚至产生耐药性和药物残留，造成严重的后果。合理用药的基本原则是选药要准、用药要早、剂量要足、疗效要适宜、换药要勤，并根据药敏试验选择用药。

三、观赏鸟的保健

(一)保健的意义

观赏鸟一般是生活在鸟笼内，活动空间有限，易污损或折伤羽毛，又因运动不足，爪、喙失去磨炼的机会致使爪、喙过长，或因羽毛被粪便沾污形成积垢，这些都需要养主给观赏鸟加以清洗，以使羽毛丰满，体姿优美，符合观赏要求。有些观赏鸟如鹦鹉、交嘴雀等是以坚果为食物的，若长期缺少坚果的磨咬，使喙尖延长而过分弯曲，妨碍吃食，有些鸟有啄羽癖，还有一些鸟的喙为畸形，因此这些鸟的喙都必须进行修整。

(二)抓鸟的方法与注意事项

①抓取鸟笼内的鸟，先以左手拇指压住鸟背部，其余 4 指轻握腹部，用右手食指和中指夹住鸟的脚，然后头上尾下从笼中缓缓取出鸟。

②要将鸟交给别人时，以右手压住鸟的背部中央及翅膀。大拇指压住鸟颈部左侧，将中指、小指放在腹部，并以无名指和小指将鸟脚夹住，这样就可很方便地把鸟交给别人。

③从别人手里接受鸟，再将鸟放入鸟笼的方法，均与前面介绍的抓鸟法相同。

④室内抓鸟时用网罩捕捉鸟，不要大声喧哗，动作轻快、迅速，禁止粗鲁地驱赶鸟群，以免引起炸群；徒手抓鸟时，必须禁止捉住鸟的双翅或双脚，不然鸟就会拼命挣扎，导致关节扭伤或挣脱许多羽毛，从而影响鸟的安宁与健康。此外，鸟的抓捕方法还有张网捕捉法、扣捕法、踏笼诱捕法、掏窝捉雏法。

(三)遛鸟

遛鸟是指每日清晨或傍晚提着鸟笼散步，有的地方称为“冲”。遛鸟的主要目的是使鸟运动，遛鸟时鸟笼随人的行走而摆动，鸟为了保持平衡，全身肌肉会有规律地收缩，起到使鸟运动、减少肥胖的目的。遛鸟时步子要稳而均匀，时间随各种鸟而不同，一般为 0.5～1 h。冬、春季遛鸟时，大多数鸟应罩上笼衣，以免受惊吓。

在笼的上部安装一根活动栖木，犹如秋千，鸟飞上栖木后，前后摆动，可达到与遛鸟同样的目的，并能提高观赏效果。有些不宜遛鸟或用活动栖木的鸟，可在喂料时，用饲料逗引，促使其多活动。

四、特殊生理期鸟的保健

(一)雏鸟期的保健

人工饲养条件下，成鸟由于要继续产卵而无法养育雏鸟时，就要人工来饲养。也有的雏鸟失去了双亲不得不转为人工饲养。饲养雏鸟时要细致认真，不管是晚成鸟的雏鸟，还是早成鸟的雏鸟，刚出壳时都应放在保暖箱内，温度控制在 33 ℃以上，以后逐步降温。早成鸟降温速度可以快些。晚成鸟的雏鸟发育一般分为绒羽期、针羽期、羽片期、齐羽期四个时期。

(1)绒羽期　雏鸟眼睛尚未睁开，全身除少量绒羽外，光秃秃无毛，头只能勉强抬起。这段时间应喂以菜泥、熟蛋黄为主的浆状饲料，用喂食小匙轻碰雏嘴。当雏鸟张嘴乞食时，快而稳地把料填入。每日喂 6～8 次，每次喂到雏鸟不再张嘴为止。

(2)针羽期　指出壳一周后，雏鸟的体表已开始长出羽轴，睁开眼，会张嘴唧唧乞食，此阶段一般喂给熟鸡蛋、菜泥、豆粉为主的稠料，并开始要加入钙粉、谷粉等矿物质饲料，每天喂 5～6 次，喂到鸟颈部粗凸，不张嘴为止。保温在 25 ℃左右。

(3)羽片期　是指出壳约两周后雏鸟正羽长出。一般喂给熟鸡蛋、鱼粉、玉米粉、菜叶等粉料，呈半湿状，每日填喂 4 次，并逐步训练鸟自己吃食，在粉料中逐步加入成鸟的粟子或昆虫等。保温在 20 ℃左右。

(4)齐羽期　雏鸟羽毛已长全，约出壳后 6 周，体形和成鸟相似。饲料可完全改用成鸟饲料，不需人工填喂和保温。

雏鸟保温箱温度较高，要注意清洁卫生，防止羽蚤等寄生虫生长。饲喂完雏鸟后，要用湿布擦去鸟嘴角上残留的饲料。对粪便要及时清除，并保持干燥。但也要保持相对 40％的湿度，否则会影响雏鸟的生长发育。

(二)换羽期的保健

每年的 7—11 月都是鸟类主要的换羽期，也有的鸟每年要换四次羽毛。40～60 d 可长出新的羽毛。换羽期鸟类显得比较娇弱，容易得病，这段时间要特别照顾。

(1)环境要求　把鸟笼挂在无窜风处，减少或停止水浴。经实验研究发现，光照、温度和饲料对换羽有很大影响。换羽期有足够光照和温度时，换羽顺利，温度低会延缓换羽。

(2)营养要求　在换羽期前，给以营养丰富的饲料也会延缓换羽期。所以一般在换羽期前(6 月)，为促使鸟迅速换羽，当旧羽毛落下后，即喂高蛋白、富含脂肪、多维生素的饲料，以促使新羽生长。少数没能自然脱落的羽毛可由人工根据具体情况帮助拔去，以促进其换羽。

(三)繁殖期的保健

鸟类从求偶、交配、营巢到产卵、孵化、育雏整个繁殖期是最辛苦的，短的需 50 d，长者则需半年左右。要对繁殖鸟进行配对，调整饲料，供给蛋白质丰富、维生素充足的营养，补充鸟在繁殖过程中的营养消耗。要提供繁殖场地、巢箱、巢草,要注意孵化情况,对不孵的卵进行代孵或人工孵化;要关心照料雏鸟等。大群笼舍饲养鸟可以让它们自由配对。在箱笼或中笼中饲养1~2对鸟,往往需要人工帮助择偶配对。通过放对观察配对是否成功,若未成功,则须重新选配。人工给鸟选择配偶时,一般要选择年龄相似,且雄鸟大于雌鸟,因为一般来说,雄性性成熟比雌性晚。在群养笼舍中,提供繁殖巢箱要多于配对的鸟数,否则会发生争巢现象。在繁殖期间,还要保持相对安静,少惊动繁殖鸟,尽量减少检查卵、雏等次数,要多通过亲鸟孵化时间和觅食等行为观察其孵化、育雏情况。一些鸟有边产卵边孵化的特点,为使鸟多产卵,常采用以假卵换取真卵的办法。当鸟产满一巢卵后,再把假卵全部取走,诱使鸟继续产第二窝卵。对取出的卵,可以由义鸟代孵,也可进行人工孵化。开展这项工作时,要将取出来的卵轻放在阴凉、通风的箱盒内,隔天转动一下,保存时间不宜过长,一般经7 d左右集中放入孵箱进行孵化。

(四)四季保健

观赏鸟的饲养对环境有一定的要求。室内可饲养1~2对笼鸟,当笼鸟数量超过5对时,最好设立饲育室或鸟舍,以利于防病和管理。在室内饲养应有充足的阳光。阳光对促进鸟发情很有好处,阳光照射也可杀菌防病。

(1)春季保健　春季气候温和,春暖花开,应多外出遛鸟,让鸟尽情鸣唱,呼吸新鲜空气,每天可以捉一些昆虫喂鸟,以调换鸟的口味。但春季早晚温差较大,所以移鸟到室外或外出遛鸟,都要考虑天气阴晴和气温的高低,还要注意观察鸟的健康状况和适应能力,采取循序渐进的方式进行,以免鸟适应不了突变的环境而生病。春季鸟类普遍发情,显得格外精神、活跃,特别喜欢鸣叫。除正在繁殖或将要配对的种鸟外,单只饲养的雄鸟应减少脂肪饲料的供应,多喂一些树芽、野菜芽之类的青绿饲料,以防鸟因过分发情而惊撞,把翅羽、尾羽拍打掉,甚至终止鸣叫。对第一次产卵的鸟要精心照料,加喂蛋小米等发情饲料。对孵卵的鸟除验蛋外要减少惊动。要注意观察雏鸟发育状况,如同时有几窝同类的雏鸟育出,可调整亲鸟育雏的数量,以避免亲鸟弃雏或雏鸟发育不良。等雏鸟能自己吃食时,则应与亲鸟分笼饲养,以利于亲鸟恢复体力和提高繁殖率。春季除加强日常管理,注意食、水卫生,保持鸟笼、鸟巢的清洁,加强螨病防治外,要经常观察鸟的活动和粪便,发现异常现象,要查找出原因,及时采取防治措施。

(2)夏季保健　夏季气温升高,要注意鸟笼、鸟舍的通风和防潮。尽可能供给浴水和浴沙,充分满足水浴或沙浴要求。切不可缺少饮水,尤其在饮食上要特别注意。每天换食换水,尽可能保持饲料和饮水的清洁,饲料要少喂勤添。

蔬菜、瓜果在鸟吃饱后,应即刻取走剩余的部分以免变质,引起鸟发生肠道疾病。要停止日光浴,并将鸟笼置于阴凉通风处。如果鸟笼是亮顶的,可用深色布片盖在笼顶。气温高时不要将鸟关在过于狭小的笼中。已长成的幼鸟要及时与亲鸟分笼,饲养密度不要太高。将鸟笼置于宽敞处有助于改善笼内的通风条件。如果饲养密度过高,天气炎热时可在室外(如房顶)洒水降温,在笼舍的过道中用电扇促进空气流通有利于通风,但应注意不要直接对着鸟笼正面吹。夜间对放鸟笼的房间喷洒杀虫剂灭虫、灭蚊,或用纱布笼罩上鸟笼,以防蚊虫叮咬。经常清理、洗刷、消毒鸟笼及用具,保持笼内清洁。如果发现螨虫,要将鸟舍、鸟笼彻底清扫和消毒。有些鸟开始换羽,可喂一些蛋壳内衣或蝉蜕、蛇蜕等高蛋白料,促使其早日换羽。保持环境安静,不要让鸟过度运动。有些繁殖的亲鸟,会因孵化、育雏等体力消耗大,更要精心照顾,充分加强饲养。饲料中的蛋白质成分要有所增加,给予适量油脂食物(约占饲料总量的10%)和含色素的食物。

(3)秋季保健　秋季天气转凉，要让鸟增加皮下脂肪，做好越冬的准备。因此，在秋季笼鸟的饲料中，应适当增加脂肪性饲料的比例，一般应达到20%。主食粒料的鸟，可直接喂油料作物的种子；主食粉料的鸟，可将油料种子粉碎后拌入日常饲料中喂给；食虫鸟宜增加鲜羊肉末或面包虫等。秋季也是一些鸟换羽的季节，要增喂蛋白质含量高的动物性饲料，如面包虫、蝗虫等。适当晒太阳以增加钙质在体内的吸收，对保持羽色有一定作用。对于一些即将开始产卵的鸟，要做好各方面的准备工作，应增加蛋小米等发情饲料及油菜籽和无机盐等营养饲料，但应注意营养不能过剩。

(4)冬季保健　冬季天气寒冷，尤其北方更甚，要时刻注意环境温度。给鸟供热时必须保证热源的持续供应，时冷时热，环境温差太大很容易造成鸟的体质下降，导致感染病菌，往往成为观赏鸟死亡的主要原因。日常管理不可忽视。遛鸟活动要视情况而定，从初秋一直坚持的可继续进行，时间最好在相对温暖的中午，否则就停止遛鸟。防风是观赏鸟防冻的重要措施，冷风的吹袭会破坏羽毛的保温层，使鸟的体温迅速下降。画眉鸟在遛鸟时要罩上厚笼罩。在家时鸟应放在室内暖和向阳处，将笼罩掀起进行日光浴。应减少水浴次数，每周1～2次即可，还要保证有适宜的水温和室温。同时注意让鸟自行水浴，绝对不能强迫。由于冬天鸟的活动少，体力消耗不大，饮食营养不宜过多。每天可少喂些含蛋白质较高的动物性饲料。体胖的鸟不爱活动，而活动是使体温升高的一种途径。过量的脂肪会使皮肤处于油脂的浸润状态，收缩性和柔韧性变差，羽毛的附着力降低，容易发生掉羽现象，这对鸟的防冻是不利的。越冬的鸟对水的需求也是必须予以重视的。在供水的同时还应提供些菜叶、瓜果等含水分较多的食物，既能防止鸟因水罐中的饮水结冰而受渴，又提供了较多的维生素和矿物质，保证了鸟正常代谢的需求。繁殖鸟的鸟舍温度要控制在18～20 ℃。如果鸟舍温度到了10 ℃以下，一般雏鸟会被冻死。

五、笼鸟卫生

清洁卫生是保持鸟体健康、正常生活、防止疾病发生和流行的综合防治措施中的重要一环。鸟的日常卫生通常包括以下几个方面。

(1)鸟体卫生　指鸟的羽毛、体表的清洁工作。除了经常给鸟提供水浴和沙浴外，黏附在羽毛或脚趾上的粪便，可以人工帮助清洗。清洗时，左手握鸟，鸟头伸出虎口朝人体方向，两趾从食指与中指间往外伸，将清洗的趾或尾羽浸入水中。右手用软布或棉花将羽毛或趾上的积垢逐渐搓擦，洗毕后要用干布将湿羽吸干后再放回鸟笼。

(2)饮水卫生　要注意保证饮用水的不间断供应，而且应供应洁净的清水。饮水罐清洁后再注入清洁饮水。为避免鸟在水罐中水浴弄脏饮水，可在水罐内放入丝瓜络或海绵，使鸟能饮水而不能戏水。为了防止饮水变质，可以在水罐中放一小块木炭，这样的话，即使是在夏季隔天换水，水也不会变质。

(3)鸟具卫生　每天要清洗鸟的栖架和接粪板，鸟笼笼底上如沾有粪迹，应将鸟笼浸入清水盆中清洗。水罐、食罐也要经常清洗。需要特别指出的是，在鸟类繁殖期间，鸟笼内的清扫不宜过勤，因为鸟类在繁殖期间要求安静。一般情况下，每1～2个月应对鸟舍及笼具、食罐、水罐、栖杠及巢箱等进行一次常规的消毒。常用的消毒的方法有：干燥、日光暴晒，也可用热碱水和0.1%苯扎溴胺(新洁尔灭)溶液消毒。

(4)环境卫生　鸟笼放置地点应干燥、清洁,可将鸟笼放在塑胶布上,这样对收拾鸟笼附近的羽毛、灰尘不仅很方便,而且可以保护好家具和墙壁。应注意的是,鸟笼不要放在厨房和厕所等处,因为此类地方空气污浊易导致笼鸟患病。

(5)饲喂人员卫生　饲喂人员在喂食鸟类时要注意手的清洁卫生,防止把病菌带给鸟类,接触鸟类后要洗手,防止人禽共患病。

技能操作 〉〉〉

一、鸟的羽毛清洗、修整与着色

操作目的　掌握观赏鸟的美容、护理方法及注意事项。

操作材料　需要美容护理的3种以上观赏鸟;修理用的刀、剪、专用细砂纸或细锉;碘酊、75%的酒精、红色着色剂;色素饲料。

操作要求

1.清洗被毛

观赏笼鸟在捕捉、运输、饲养和玩赏过程中,常会造成粪便污染体表羽毛、飞羽或尾羽折断等现象,影响观赏效果。玩赏者应依据不同情况,进行清洗和修整。

清洗笼鸟时要适当提高环境温度(36～39 ℃),水温以37～40 ℃为宜。操作者右手轻握鸟体,使鸟朝向操作者的胸部,用清水将尾羽、飞羽等污染部分进行清洗。如果污染严重,可用棉花或软布蘸一些洗涤剂轻轻擦洗,用水清洗干净后用脱脂棉或干软布擦拭羽毛,完成后将鸟笼置于温暖环境中。

2.修整羽毛

观赏笼鸟的尾羽或飞羽折断或残缺时,可依鸟的体质强弱情况加以修整。当主要观赏的饰羽折损时,在鸟体健康无病的情况下,可采取人工强迫换羽的方法,促使新羽早日再生。其方法是捕捉后观察其羽基有无伤损,确定羽基部正常,再行拔除已折断的陈羽。拔羽时左手适度握住鸟体,并用食指与拇指压按住要拔掉的羽毛基部的皮肤,然后用右手拇指和食指捏紧已伤残羽毛的羽干,用力猛向羽基垂直方向拔除。在拔除残羽时不宜上下左右摇晃,以防伤及羽毛基部组织而引起炎症。如一只笼鸟的残损羽毛过多时,则不宜一次全部拔除,每次只能拔除1～3枚,以后再次拔除之前应视笼鸟有无不适表现来定。若第1次操作后,笼鸟精神、活动、采食及消化均正常,可隔3～5 d后进行第2次拔羽,否则需延长其再次拔羽的间隔时间。笼鸟在拔除陈羽期间,需特别注意供给营养丰富而易于消化适口的饲料,矿物质饲料、绿色、红色及黄色饲料供给也很重要。更应防止强风和受寒。健康的鸟体,可在4～5周后生齐新羽,满足观赏的需求。观赏笼鸟所折损的羽毛,若非重要观赏部位的羽毛,或只折损1～2枚,不甚影响观赏时,则可由损伤羽毛的羽基处剪断,待换羽期时自行脱换残羽。

3.鸟的羽毛着色

为了增加鸟类的观赏价值,使其羽毛的颜色更加亮丽,更加醒目,而采用杂交增加鸟的羽毛颜色种类，或在鸟的饲料中增加带有色素的食物，或通过选择合适的外界环境，保证鸟羽的颜色。着色的方法有以下两种。

(1)天然着色　目前，天然着色并未找出很好的方法，略有突破的是红色，如红金丝雀。红金丝雀主要是通过杂交使羽毛获得了一种能够遗传的红色色素。另外，让鸟多食用胡萝卜、西红柿等含红色色素的食物，以使红色素在鸟的羽毛中沉积，增加羽毛的红色。饲喂朱雀、红点颏、红玉雀等鸟时，应适量饲喂色素饲料，即胡萝卜加叶红素。也可多喂一些含有胡萝卜素的蔬菜以增加羽毛的深度；把鸟笼尽可能地放到光线幽暗的地方，保持适宜的温度和湿度，也可保持羽毛的色泽。

(2)人工着色　色泽不那么自然，有些颜色过深。如果拿一根羽毛来看，人工着色的全羽都是红色，天然的只在羽毛的尖端有一点红色，其余部位都是带粉红的白色。现在日本、东南亚地区的红金丝雀以及红玉鸟等，几乎全是人工着色。

4. 喙、爪的整理

笼鸟由于活动减少，喙、爪常因生长过长而变形，影响正常的活动和摄食。过长的爪有时还会插入笼的缝隙而折断胫骨和脚趾。故应及时人工修整鸟的喙、爪。修理喙、爪时，应固定好鸟只，用利刀或剪从末端开始削剪(要避开血管)。具体操作方法是一个人握好鸟体，把鸟的头部及足趾固定好，另一个人用锋利的刀将喙的远端剪去，或修整喙的畸形部分。注意不能一次削得过深、过多，一般不应超过喙长的1/3，以免造成大量出血。修整后可迅速用指甲锉或细砂纸轻磨因修整所造成的棱角，以利于采食。观赏鸟生活的环境若不清洁，如栖杠积满的排泄物就会污染鸟的足趾。因此须进行人工清洁，否则造成观赏鸟的足趾残缺。人工清洗趾爪的操作方法：先准备一盆清水(冬天要用温水)，一个人握好鸟体，固定好鸟的身体、头和尾。然后，将沾有粪污的足趾浸泡在清水中，用棉花或软布蘸水轻轻擦洗。污染轻的足趾，一般清洗一次就可以了，污染严重的则要隔天再清洗。无论是修喙还是修爪，都应准备好消毒药和止血药，如碘酊、75%的酒精、磺胺结晶等。在手术前要分别用碘酊和酒精对手术部位进行消毒，手术后如果出血较多可用棉球压迫术部止血，然后再在术部擦上少许碘酊或撒上少量磺胺结晶。

5. 沙浴

有些鸟类，如百灵、云雀等喜欢沙浴。在野生状况下，它们用沙浴的方法清洁羽毛和降低体温。因此在笼养时也应为其提供沙浴条件。可在笼底铺垫一层0.5 cm厚的细沙。一般用细河沙，经水洗后过筛晒干、晾干或烘干后使用。笼中的细沙不易获得，换下的细沙可过筛，水洗晒干或烘干后重复使用。

6. 水浴

鸟是很爱清洁的动物，大多数玩赏鸟喜欢水浴。水浴可将鸟放入洗浴笼内，然后将鸟笼放在盛有水的浅盘中，让鸟沐浴。也可在笼中放入盛有水的浅盘供鸟沐浴。如果鸟暂时还不习惯于在笼中沐浴，可将水滴从笼顶滴洒到鸟体上。鸟水浴时不能时间过长，应控制在鸟的羽毛不湿透的标准。不同的季节沐浴的次数不同，一般情况下，1～2 d水浴1次，冬季和早春气温低，4～5 d水浴1次，换羽期的鸟应减少水浴次数。如果气温太低，鸟水浴后可将其羽毛擦干，置于避风向阳的温暖处，也可直接将鸟笼移近暖气片，让羽毛尽快干燥。

二、观赏鸟鸟舍、鸟笼、鸟体、饮水器具、食具的消毒方法

操作目的　消毒是观赏鸟的疾病综合预防方法之一，掌握鸟舍、鸟笼、鸟体、饮水器具、食具的消毒方法与技巧。

操作材料

(1)器械　喷雾消毒器、量杯、天平或台秤、盆、桶等。

(2)消毒药品　20%过氧乙酸、高锰酸钾、福尔马林、5%碘酊、70%酒精等。

(3)其他　清扫洗刷工具、工作服、毛巾、肥皂以及待消毒的鸟舍、鸟笼、鸟、饮水器具、食具等。

操作要求

①打扫鸟笼舍卫生、清洗污物。地面先洒适量的水，片刻后清扫干净，鸟笼、鸟架、饮水器具、食具等清洗干净，不允许污点存在。

②鸟舍、鸟笼、鸟、饮水器具、食具等用0.2%～0.5%的过氧乙酸喷洒。喷洒消毒一般以“先里后外、先上后下”的顺序喷洒为宜。

③鸟舍可采用熏蒸消毒，常用福尔马林熏蒸。测算鸟舍空间，按每立方米用福尔马林25 mL、水12.5 mL、高锰酸钾25 g计算总用药量。舍内用具、物品适当摆开，密闭门窗，室内温度保持15～18 ℃以上。盛药容器用不漏旧铁锅、铁桶等代替蒸发器。计量加入福尔马林与水混合，再加入高锰酸钾，立即搅拌，人员迅速离开，依次向门口逐个快速操作，尽量缩短人员在舍内停留的时间。将门关闭、密闭熏蒸12～24 h，消毒完成后，打开门窗通风。

④饮水器具、食具、青菜等可用0.1%高锰酸钾浸泡10～30 min，饲喂前冲洗后再用。

⑤鸟体外伤可用3%～5%碘酊涂擦。

注意事项

①消毒药种类比较多，要针对消毒对象和病原体种类选购几种杀灭效果好，使用简便，容易保存，价格适中，对人、鸟低毒或无毒的消毒药品。

②在选购时注意认真检查消毒药的外观性状和标签说明(包装、保存条件、药品性状、使用方法、技术要求、作用对象、注意事项、产地、厂名、出厂批号、有效期等)是否一致，确保消毒药质量。

③根据消毒对象(如体积、面积或空间等)和欲配消毒液的浓度，计算出所需药品的选购量。药品应准确称量，配制浓度应符合消毒要求，不得随意加大或减少。药品完全溶解，混合均匀再使用。

三、鸟的技艺训练

操作目的　鸟技艺训练的生理学基础是条件反射，特别是以引诱食物为信号的条件反射。通过训练来达到养鸟者的目的，给养鸟者和观赏者带来生活的乐趣，同时也使鸟类发挥出其潜能。

操作材料 被训的鸟主要有八哥、鹩哥、大绯胸鹦鹉、葵花鹦鹉、灰鹦鹉。

操作要求

1.驯鸟说话

以八哥为例，驯鸟说话从幼鸟开始，把鸟平时喜欢吃的食物用手拿着喂它，并先给以声音信号（呼名、打口哨），达到人一叫鸟就有反应的程度。教鸟学“说话”时，在每天早晨环境安静、鸟空腹时进行，边教边喂给它少量喜欢吃的食物。音节由少渐多，开始先教“您好”“再见”等两个音节的话，依此类推，要有耐心，不能性急，每学会一句话后要巩固一个时期（5～7 d），再教下一句话。开始学第一句话时，鸟儿很难开口，一旦学会第一句，以后就容易了。另外，教鸟学“说话”时对着镜子学得快。

2.百灵鸣唱

上台鸣唱训练，要求在幼鸟时就培养上台的习惯。常用的方法是常在鸣台上喂它喜欢吃的活食，或用夹粪棍经常捅它的脚，促使其上台。百灵鸟的鸣叫训练，讲究“十三套”（即会模仿13种声音）。但具体内容说法不一。“呷口”训练，最简单的方法是用有口的成年百灵去“带”幼鸟。为了能使幼鸟“上口”快、口清，最好将成鸟挂于高处，并保持环境安静。若想“呷”自然界鸟的名叫，则要在清晨将百灵挂在有鸟鸣叫的地方，使其倾听。口灵的幼百灵，几天就能上口。

3.几种技艺训练

常被训练学习多种技艺的鸟有：黑头蜡嘴雀、黄尾蜡嘴雀、锡嘴雀、黄雀、文鸟、芙蓉鸟等。

（1）放飞　准备训练放飞的鸟只，最初宜单只鸟架饲养，用软索系住脖子，软索另一端系于鸟架上。训练的手段，主要是利用食物的诱惑，故白天鸟只应处于饥饿状态。但每天傍晚须喂给足够的食物，使鸟只晚上能正常休息，第二天才能精神饱满地接受训练。训练时，养主手中托着鸟只爱吃的食物，给鸟只打信号或呼唤鸟只的“艺名”，诱使它下架来啄食，以后训练时，逐渐将系脖的软索加长。为了谨慎起见，第二步可在室内训练其出笼来啄食。这时脖子上不用套绳索，离笼的距离逐渐增加。当鸟能听从命令，自由上下架或进出笼后，可在院内进行短距离试飞。经过这样的逐步训练，鸟只与养主建立了感情，并形成了每飞一次就有一顿美餐的条件反射，然后就让其远走高飞。驯熟后的鸟类，每次放飞时都不能吃饱，每次放飞的时间也不能太长（约 15 min），否则它对食物失去兴趣。加之大自然的诱惑，就会使它乐而忘返。放飞时，也不能被猫狗吓着，否则会对“家”产生恐惧而不愿回来。

（2）空中叼物　将放飞成功并处于半饥饿状态的鸟只放出笼来，养主手中托着食物在鸟只面前来回晃动，诱其前来啄食。经过几次训练后，当鸟只飞起前来啄食时，可将食物抛向鸟的头上方，诱它在空中接食。当鸟只能在空中接食时，可减少正常饲喂方式，改以这种抛撒喂食为主。而后用大小和重量适当的玻璃球或牛骨制的光滑弹丸代替食物。当鸟只接住空中的球弹因吞咽不下而吐出时，即奖励一点食物。反复训练多次后，鸟只能熟练准确地接住球弹并送回到养主手中换食，这时可将球弹抛得更高更远，最后可用弹弓射入空中。优秀的鸟只一次可接取球弹 3～4 颗。这种训练是蜡嘴雀的强项。

(3)提吊桶　黄雀和锡嘴雀等还可训练其“提吊桶”的技艺。因这一技术要嘴、爪兼用，训练难度比其他技术要大。吊桶和灯笼不能太大和太重，可用轻质材料制成，并用粗细合适的粗糙麻绳或棉线吊于鸟架或鸟笼的栖木上。训练鸟只提吊桶时，在吊桶内放少量鸟只爱吃的食物，让它学会从吊桶中啄食。经过几次反复训练后，当衔住绳索把桶提起发现了桶内的食物，就会想办法用爪将绳子踩在栖木上，再啄取桶内的食物。而后逐渐放长系桶的绳子，鸟只慢慢学会一段一段地反复衔起吊桶并踩住绳子。训熟的鸟只，嘴爪配合协调，动作利索，能很快提到所需的位置啄取食物。也可把吊桶换成灯笼。

(4)拉抽屉找吃　在鸟只放飞训练成功的基础上，可进行拉抽屉找吃的训练。训练的手段仍然是让其处于半饥饿状态，利用食物奖励使其形成条件反射。“拉抽屉”适于蜡嘴雀和嘴力较大的鸟只，抽屉的重量要合适。训练时，用一根细索系住抽屉的拉手，一端系一粒鸟只爱吃的食物，然后开笼发出口令，诱使鸟只来啄取绳端的食物。经过一段时间的训练后，绳端不系食物，鸟只也会叼住绳子用力拉拽，当其每拉开一次抽屉时，就奖励一点食物。而后可将食物放在抽屉里，当鸟拉开抽屉后，发现抽屉里有食物就会自食，慢慢地形成了“拉开抽屉找吃”的习惯。

(5)戴假面具　供作鸟只戴的假面具多用银杏外壳制成。将银杏外壳对半切开，清除果肉后，用细金属丝对称系于果壳两边，果壳的外面多画上各种京戏脸谱。训练时，将鸟只爱吃的食物置于果壳内，诱鸟啄食，而后将食物黏在果壳的金属丝上，用手势或口令诱鸟啄食，当鸟叼住金属丝把面具衔起时，即奖励一点食物。其后金属丝上不黏附食物，命令鸟只叼住金属丝戴上面具，每戴上一次就奖励食物。再后逐渐训练鸟只一次活动戴几种不同的面具。戴上面具后的鸟只前来求食时，一纵一跳的姿态十分滑稽，非常有趣。

(6)叼物换吃　将鸟只爱吃的食物黏附在牌签、纸币、糖果或香烟等物体上或藏在这些物体中，诱使鸟只前来啄食。经过一段时间后，在物体中不放食物，当鸟只偶尔叼起一件东西时，即赏给一点食物，使它逐渐形成“叼物换吃”的习惯。而后用手势和口令来训练其叼物换吃。驯熟的鸟只可在主人命令下为客人送糖送烟，令宾主捧腹开怀。

课后思考

1. 观赏鸟日常健康检查包括哪些内容？
2. 预防观赏鸟疾病的药物有哪几类？给药途径有哪些？
3. 饲养观赏鸟还需要哪些附属器具？
4. 观赏鸟保健的主要内容有哪些？
5. 观赏鸟在雏鸟期、换羽期、繁殖期如何保健？
6. 观赏鸟四季保健需注意哪些主要问题？

知识拓展 〉〉〉

一、蛋小米

“蛋小米”是养鸟者最常用的催情饲料。蛋小米有搓蛋米、炒蛋米、蒸蛋米、拌蛋米 4 种，均是用小米加工制成的。

1. 蛋小米的加工方法

(1)搓蛋米　直接将小米与蛋液混匀、晾干、搓散即成。这种蛋米加工简单，但晾干需要较长的时间，潮湿天气容易发霉变质，而且由于蛋液未经加工，其中所含的蛋白酶抑制剂未被破坏，会影响鸟的消化。

(2)炒蛋米　将鸡蛋打入小米中拌匀，上锅不断翻炒，至米微黄，并散发鸡蛋香味为止，放凉后密封保存。另一种做法是先将小米放入铁锅内煸炒至发出轻微的“毕剥”声，手试感觉烫手，趁热加入除蛋清的蛋黄液，用筷子快速搅拌使蛋液均匀黏附在粒料表面，放凉后将结成块的小米搓散晾干即成。也可将小米预先泡软，上旺火翻炒至焦黄再加鸡蛋，这种方法多用于饲喂软食鸟。质量好的蛋米，色黄、松散而不发黏，有香味而无焦煳味。

(3)蒸蛋米　先将小米用清水洗一遍，水稍沥干后再与蛋液混匀，在锅中加盖用旺火蒸 10 min 左右，然后放在风扇下(或用扇子)快速吹冷，晾干后搓散即成。这种蛋米适合喂雏鸟，但久置易变质，需随用随配。用量少时可不加蛋清。质量好的蛋米，松散不结块，呈颗粒。

(4)拌蛋米　将煮熟的鸡蛋黄放在小米中拌匀，手感较湿时可在热锅上略炒几下。也有人将生鸡蛋黄拌入小米后放在烈日下暴晒，数小时后将结块的蛋米搓散即成。采用这种方法制作的蛋米可保持数日不变质，但蛋屑易与米表面分离，喂鸟时要再次拌匀。

2. 注意事项

(1)制作蛋米时，每 1 000 g 米中加入 3～7 个鸡蛋即可。由于蛋清干后会变得很硬，在饲料中常被亲鸟弃于一旁，所以通常做蛋米时只用蛋黄，要用蛋清时注意一定要将蛋清与蛋黄混合均匀。制作蛋米时也可以同时添加钙粉、鱼粉、食盐等。

(2)由于蛋米营养丰富，容易变质，每次加工的数量不宜太多，应保存于阴凉干燥处。用于制作蛋米的小米要去壳，蛋米的制作方法最好选用炒蛋米或蒸蛋米，不用生蛋拌小米，否则会影响雏鸟早期的成活率。

(3)蛋米可作为观赏鸟的常备饲料常年供给，但平时不喂蛋米的笼鸟在繁殖季节来临前增喂蛋米具有更明显的催情作用。因此，对于较难繁殖的品种，最好仅在繁殖季节来临前半个月才开始加喂蛋米，能常年繁殖的品种则可常年饲喂蛋米。

(4)注意任何时候都不能将蛋米作为笼鸟的唯一饲料，应提供笼鸟喜爱的青绿饲料等作为辅助饲料。

(5)由于蛋米具有催情作用，所以在鸟的孵化期和育雏期均不主张用蛋米喂亲鸟。否则，有可能促使亲鸟提前发情，而引起弃孵或弃雏。

二、观赏鸟新城疫

新城疫是一种急性、高度接触性传染病。主要侵害鸡和火鸡，各种其他禽类和鸟类也感染。常呈败血症经过，主要特征为持续性腹泻，神经机能紊乱，呼吸困难，黏膜和浆膜出血。

(1)识病要点　新城疫最急性型的主要表现为突然发病，常无特征性症状而迅速死亡，多见于疾病流行初期和雏鸟。

急性型主要表现为病初体温升高达 43～44 ℃，食欲减退或废绝，有渴感。精神萎靡，垂头缩颈或翅膀下垂，眼半闭或全闭，似昏睡状，冠及肉髯呈暗红色或暗紫色，雌鸟产蛋停止或产软壳蛋。随后病鸟出现咳嗽，呼吸困难，有黏液性鼻漏，伸头，张口呼吸，并发出"咯咯"的喘息声或尖锐的叫声，口角流出多量黏液，并常做摇头或吞咽动作，嗉囊内充满液状物，倒提时，常有大量酸臭液体从口中流出。粪便稀薄，呈黄绿色或黄白色，有时混有少量血液，后期排出蛋清样的排泄物。有的病鸟出现神经症状，如翅、腿麻痹等，最后体温下降，昏迷死亡。1 月龄的幼鸟病死率高。

亚急性或慢性型的初期症状与急性相似，不久症状减轻，但同时出现神经症状，病鸟翅、腿麻痹，跛行或站立不稳，头颈向后或向一侧扭转，常伏地旋转，动作失调，反复发作后，最终瘫痪或半瘫痪，多发于流行后期的成年鸟，病死率较低。

个别病鸟可以康复，少数不死的鸟留下特殊的神经症状，表现腿、翅麻痹或头颈歪斜。有的受到惊扰或抢食时，突然倒地，全身抽搐就地旋转，数分钟后又恢复正常。

(2)发病原因　本病主要是通过病禽、鸟以及在流行间歇期的带毒禽、鸟类，经呼吸道和消化道传染，有时带毒的鸟蛋以及创伤、交配也可引起传染。新城疫一年四季均可发生，春、秋两季多发。

(3)防治方法　对发病但无明显神经症状(有神经症状的建议尽早淘汰)的鸟皮下注射高免血清或高免卵黄抗体，同时配合使用浓度为 0.01%丁胺卡那溶液及利巴韦林饮水，连用 5 d；每羽肌内注射 2 万活性单位禽用重组干扰素，连用 3 d。

预防此病最好的方法是免疫接种，按防疫程序定期使用新城疫疫苗预防接种。10 日龄、30 日龄鸟用新城疫Ⅳ系疫苗滴鼻、点眼；也可用免疫增强剂——复方黄芪冲剂饮水，连用 3～4 d，效果较好。

病鸟用过的笼具、用具、水罐和食罐要彻底清洗、消毒。发病鸟要与其他健康鸟隔离，认真处理死鸟。新买入的鸟必须先隔离观察 2 周，确定无病后才能合群。

三、观赏鸟痘病

鸟痘是家禽和多种鸟类的一种常见的病毒病，由禽痘病毒引起，是一种急性、热性、高度接触性传染病。世界性分布。特征是体表无羽毛部位出现痘疹、结痂、脱落(皮肤型)；口腔和咽喉部黏膜出现纤维素性坏死性炎症和痘疹(黏膜型)。

(1)识病要点　①皮肤型的症状主要为眼睑、喙角、耳球等身体无毛部位出现结节病灶，并增大互相融合，形成褐色痂块。眼睑常肿胀，有脓性或纤维素性渗出物，甚至引起角膜炎而失明。一般无明显症状。轻度皮肤型痘病时死亡率较低。②黏膜型是在口腔和咽喉黏膜上发生白色不透明的小结节，迅速增大融合而成黄白色干酪样坏死物，形成假膜，故又称禽白喉，重者可蔓延至眶下窦、眼结膜和角膜引起炎症，使之充满脓性或纤维蛋白性渗出物。病鸟呼吸和吞咽困难，严重时窒息死亡。③两型同时发生时称为混合型。黏膜型或伴发其他感染等，可引起较高死亡率（金丝鸟发病时，死亡率高达 80%～100%）。④败血型很少见，一旦发生，则以严重的全身症状开始，继而发生肠炎，病禽很快死亡。有时由急性转为慢性，常因腹泻而死。

（2）发病原因　痘病毒主要通过接触、损伤的皮肤黏膜感染鸟类；也可经吸血昆虫如蚊、刺螨等传播感染。

（3）防治方法　对痘病毒感染无特异性的治疗方法，可对症治疗。采用 2%硼酸溶液冲洗患部；用碘酊涂抹患部；用皮康霜涂在痘疹上；非口服性给予维生素 A 和抗生素。预防：加强平时饲养管理，经常对鸟舍、运动场、用具等进行清扫，严格消毒，并减少环境应激因素的影响。发病时隔离病鸟，轻者治疗，重者淘汰。

知识链接 〉〉〉

http://www.ichong123.com/changshi/27117（爱宠网）。

项目四　观赏鱼的卫生保健

学习目标

1. 能识别金鱼和海水观赏鱼的主要品种。
2. 掌握观赏鱼的卫生保健技术。

学习内容

一、金鱼

金鱼(图 4-1)古称“金则”,谐音为“金玉”或“金余”,象征着和平、幸福、富丽、快乐、名贵。它不仅色彩多样,红、黄、黑、蓝、棕、橙、花七彩纷呈,雍容华贵。而且体形婀娜多姿,雅艳兼备,人们誉之为“金鳞仙子”“水中牡丹”。金鱼的故乡在中国,其祖先是鲫鱼,经过长期自然影响和人工饲养筛选,才出现了今日的金鱼家族。

图 4-1　金鱼

1. 金鱼的主要品种及特征

金鱼的品种大体可分为草种、龙种、文种、蛋种四大类。

(1)草种金鱼　是金鱼中最古老的一个品种,又称金鲫种。体质强壮,适应能力强,容易饲养,是目前大面积观赏水体的主要金鱼品种。

外观体形似鲫鱼,身体呈纺锤形,体躯狭长而侧扁,头部扁尖,具背鳍、尾鳍呈叉形单叶。根据尾鳍形状的不同,草种金鱼分短尾和长尾,短尾称“草金鱼”,长尾称“燕尾金鲫”,也称“彗星”。

(2)龙种金鱼　是现代金鱼的代表品种,也是主要品种。其主要特征是体短,头平而宽,眼球膨大突出眼眶之外,似龙眼,故得名龙睛;鳞片圆而大,胸鳍长而尖呈三角形,背鳍高耸。按尾鳍形态可分为碟尾、凤尾和扇尾龙睛。按体色分为红龙睛、墨龙睛、蓝龙睛、紫龙睛、朱砂眼龙睛、红白花龙睛等。龙种金鱼有 50 多个品种，名贵品种有凤尾龙睛、墨龙睛、喜鹊龙睛、玛瑙眼、葡萄眼、蝶尾等。

(3)文种金鱼　又称文种，其体形近似“文”字形，故而得名。文种金鱼身体短宽，呈三角形，头尖如鼠头，背鳍发达，尾鳍延伸。体色多为红色、紫色、蓝色和红白花斑。文种金鱼分六大类：头顶光滑为文鱼型；头顶部具肉瘤为高头型；头顶肉瘤发达包向两颊，眼陷于肉内为虎头型；鼻膜发达形成双绒球为绒球型；鳃盖翻转生长为翻转型；眼球外带有半透明的泡为水泡眼型。代表品种有文鱼、鹤顶红和珍珠金鱼等。

(4)蛋种金鱼　蛋种鱼的主要特征是体短而肥，呈卵圆形，形如鸭蛋，早在 1780 年已将此类鱼称作“鸭蛋鱼”。无背鳍。有成双的尾鳍和臀鳍。此类金鱼的生命力强于龙种、文种，生长速度快。

蛋种金鱼分七型：短尾为蛋鱼型；尾长为蛋凤型；头部肉瘤仅限于顶部的为鹅头型；头部肉瘤发达并包向两颊、眼陷于肉内的为狮头型；鼻膜发达形成双绒球的为蛋球型；鳍盖翻转生长的为翻鳃型；眼球外带半透明泡的为水泡眼型。

2.金鱼的日常卫生保健

(1)放养密度　金鱼具有群聚的习性，进行群养有利于金鱼的生长发育，但放养密度不能过大。密度如果过大，鱼体的活动受到限制，水溶氧消耗量大，水质也会迅速污染变质，轻则会阻碍鱼体发育，重则使金鱼窒息死亡。

金鱼的放养密度视品种、鱼龄、体型大小、气温以及饵料种类而有差异。一般情况下，水深 30 cm、注水 5 kg 左右的养鱼盆中，可以放养 5～6 cm 长的金鱼 5～6 尾。饲养中可根据容器和鱼体大小，参照上述数据酌情增减。

(2)喂食　喂食不但要定时，还要定量。

金鱼摄食的时间从夏季来看，如果气候正常，每天摄食量最多时刻是早上 6～7 时。因为这时气候凉爽，是金鱼体力充沛、活动量最大的时候。此时喂食，进食快，食量大，是投食最适当的时间。但是随着季节变化、气温逐渐下降、喂食时间必须往后推移。一般来说，春、夏、秋气温较高时，早晨喂食比较合适，秋末及冬季气温较低时，以中午喂食为宜。

金鱼的饥饱和消化吸收状况可从鱼粪的颜色上进行判断。如果鱼粪呈绿色、黑色或棕色，表明金鱼摄食适度，消化吸收良好；如果鱼粪呈白色或黄色，表明金鱼吃得过饱，不可再喂饵料。

(3)换水　鱼盆中的水必须经常更换。在温暖季节，每天应换一次水。换水时，用虹吸管从鱼盆底部将积存在盆底的污物连同旧水一起吸出。吸出量为盆中水量的 1/3，然后换入经过暴晒、合格的新水。一次换水不能过多，否则会引起金鱼生活环境的剧烈变化，使金鱼不能迅速适应新水环境而食欲减退。

(4)注意水温和水中氧气状况　金鱼最适的水温是 15～25 ℃，此时鱼体能充分摄取食物，迅速地生长发育。水温如高于 30 ℃或低于 10 ℃，鱼体则普遍厌食，活动迟缓，生长缓慢。如水温高于 40 ℃或低于 0 ℃，鱼体即趋于死亡。

适合金鱼正常生长发育水体中的溶氧量，应不低于 5.5 mg/L。如果水溶氧量低于 4.0 mg/L 时，金鱼表现发呆、食欲不良、生长缓慢；如果水溶氧量低于 2.0 mg/L 时，金鱼呼吸频率显著增加，并发出轻轻响声。进一步发展，鱼体就会窒息死亡。

(5)越冬　金鱼越冬期间,必须保持适当的水温,以便能够安全越冬。我国幅员辽阔,各地温差悬殊。北方地区冬季气温可以降到－30～－15 ℃,应将金鱼移入室内饲养,保持 0 ℃以上水温;河北、湖北等地,冬季气温常降到－8～－7 ℃,在养鱼盆上加盖防寒物,就可在室外越冬,不需移入室内;至于广东、福建等地,冬季温度稳定在 5～10 ℃之间,金鱼完全可在室外越冬,不必采取防寒措施。在冬季,不论室外还是室内,水温都较其他季节降低,金鱼摄食和活动都有所下降。因此,可以减少喂食量,换水次数也可以减少。

二、海水观赏鱼

覆盖地球表面 77%的海洋,给种类繁多的海洋生物提供了各具特色的栖息场所,世界上已查明的海洋鱼类有 2 万余种。著名的品种有女王神仙、皇后神仙、小丑鱼、蓝魔鱼等。

1. 海水观赏鱼的常见品种

(1)小丑鱼(图 4-2)　是对雀鲷科海葵鱼亚科鱼类的俗称。是一种共生性生物,在成熟的过程中有性转变的现象,在族群中雌性为优势种。在产卵期,公鱼和母鱼有护巢、护卵的领域行为。其卵的一端会有细丝固定在石块上,一周左右孵化,幼鱼在水层中漂浮之后才行底栖。因为脸上都有一条或两条白色条纹,好似京剧中的丑角,所以俗称"小丑鱼"。

(2)黄肚蓝魔鬼(图 4-3)　又名变色雀鲷,分布于南海、印度洋和太平洋的珊瑚礁水域,属雀鲷科。体长 10～12 cm,椭圆形。体色天蓝,嘴部有蓝色或黑色花纹,胸鳍下方的腹部一直到尾柄上方都是鲜黄色,尾鳍、臀鳍鲜黄色,鳍边缘白色。

图 4-2　小丑鱼

图 4-3　黄肚蓝魔鬼

(3)三点白(图 4-4)　分布于印度洋、太平洋、红海的珊瑚礁海域和日本、南海等地,属雀鲷科。体长 10～15 cm,椭圆形。全身浓黑色,各鳍黑色,背鳍前方有一个白点,体侧各有一个银白色圆点,共三个白点而得名。

(4)黄火箭(图 4-5)　分布于南海、台湾地区和印度洋、太平洋的珊瑚礁海域,鲽鱼科。体长 20～25 cm。头部呈三角形,嘴呈管状向前突出,眼睛到头顶呈灰褐色,眼睛到腹鳍呈银白色,眼睛藏在黑带中并向嘴部延伸。体色鲜黄,尾鳍银白色,其余各鳍鲜黄色,臀鳍末端靠近尾柄处有一个黑色圆斑，俗称假眼。

图 4-4　三点白

图 4-5　黄火箭

（5）黑白关刀（图 4-6）　也叫长鳍关刀，有一个非常长的背线。身体白色带两条宽宽的黑色条纹，眼睛上也有一个黑纹穿过。尾鳍及背鳍呈现亮黄。一些关刀也被叫作鲽鱼。水族箱饲养时适合与温和的鱼及其他同种鱼混养而且同时入缸。黑白关刀游泳时，背上的长刺是此鱼的亮点，很漂亮。

（6）月光蝶（图 4-7）　分布于印度洋和太平洋礁岩海域。体长 15～20 cm。头小，嘴尖。体色主基调为黄色，体上半部浅褐色。眼部有一条黑带，紧邻其后有一条白色带纹，鳃盖后缘有一条镶黄边的黑带向背部延伸。背鳍、臀鳍宽大，尾鳍黄色。

图 4-6　黑白关刀

图 4-7　月光蝶

（7）女王神仙（图 4-8）　分布于太平洋珊瑚礁海域，体长 20～25 cm，卵圆形侧扁。体金黄色，全身密布网格状有蓝色边缘的珠状黄点，背鳍前有一个蓝色边缘的黑斑，鳃盖上有蓝点，眼睛周围蓝色，尾鳍鲜黄色，胸鳍基部有蓝色和黑色斑。背鳍、臀鳍末梢尖长直达尾鳍末端。

（8）皇后神仙（图 4-9）　体长 40 cm，幼鱼体色为蓝色，其上有白色条纹。随着年龄的增长，白色逐渐转变为黄色，条纹变成水平的波纹。体侧自鳃盖后缘到尾柄有数条平行的蓝色带纹贯穿身体前后。眼部有棕褐色带，嘴银白色，鳃盖上有一条黑带，下颌黑色。背鳍布满蓝色花纹，边缘黄色，臀鳍深蓝色，并有黑色花纹，尾鳍黄色。

图 4-8　女王神仙

图 4-9　皇后神仙

2.海水观赏鱼的饮食卫生保健

海水观赏鱼对饲养管理的要求较高，特别是海水观赏鱼中的鲽科鱼类、棘鲽科鱼类对水质的硬度、水的循环过滤流量、光照和水温的调节以及饵料品种的选择与需求要求很高，必须认真对待。

(1)饲喂　海水观赏鱼从野生的海洋环境中被移入水族箱人工饲养的环境中，会出现不同程度的不适感，故要有一个适应的过程，时间长短不一。当海水鱼一旦适应了水族箱中的生活环境，就可以引诱它们摄食饵料。其开食时间较长，一般应选择其熟悉的海洋中的活饵料来诱发食欲，以后逐渐过渡到投喂海洋中的死亡食物，再过渡到人工配合饵料或当地来源较广泛的食物。这样，海水观赏鱼就会逐渐适应水族箱中的生活环境。

(2)水质调控　高盐度鱼类(如海水观赏鱼类、珊瑚、海葵等无脊椎动物)对海水的水质要求较高，海水盐度在30%左右，海水相对密度在1.022～1.023，人工海水可采用人工海水盐配制。中盐度鱼类(如石斑鱼、花斑海鳗、花斑虎鲨、海龟、玳瑁等)要求海水盐度在2%左右，海水相对密度在1.017～1.020，人工海水可采用人工海水盐配制。低盐度鱼类(如东方暗色河豚、绿河豚、金鼓、绿鼓等)喜生活在半卤半淡的水质中，它们中有些品种亲鱼在淡水中繁殖，卤水中生长；有些品种亲鱼在卤水中繁殖，但幼鱼在淡水中生长。各种鱼类对温度要求在26～28 ℃，水硬度在7～9°dH，水的pH为8.0～8.5。

(3)日常观察

①恐惧感观察　由于品种不同，习性差异，加上饲养密度较高，易使鱼产生恐惧感，导致相互之间的斗殴、撕咬。故必须细心观察，及时采取妥善的防范措施。

②食欲观察　可在投饵时观察食欲状况，如发现离群、食欲减退或拒食的鱼，应及时找出原因，加以解决。

③夜间观察　海水观赏鱼每天排粪1～2次，有的品种(如蓝倒鲷、人字蝶、红小丑等)粪便呈白色液状，有的品种(如珍珠狗头、皇后神仙等)的粪便呈碎屑状，有的品种(如花斑海鳗等)的粪便呈颗粒状，观察时注意粪便的状况是否正常。

(4)水族箱的清洁卫生　水族箱内的海水在养鱼前是洁净透明的，但在饲养一段时间后，由于鱼类的排泄物会使蓝藻类大量繁殖，月余后的水箱内壁或底部会滋生一层蓝色或褐色的藻类，随着海水的老化以及藻类繁衍的日趋旺盛，仅靠生物过滤系统的作用已远不能达到根除藻类的效果，从而影响了水族箱的观赏效果。

课后思考 〉〉〉

1. 如何对金鱼进行日常保健？如何选择优良品种？
2. 海水观赏鱼主要有哪些品种？
3. 饲养观赏鱼的主要意义有哪些？

知识拓展 〉〉〉

一、观赏鱼烂鳃病

观赏鱼烂鳃病病原体为黏球菌，传染途径主要是病鱼。金鱼、热带鱼都易得此病，不易根治。

（1）识病要点　鱼患病后行动缓慢，食欲不振，头部变黑，体色减退，失去光泽，鳃上附有黏液和污物。随着病情恶化，鳃丝由鲜红变白至逐渐腐烂脱落，鳃盖骨内表皮充血，中心坏死掉落。病鱼鳃丝腐烂，严重时鳃丝末端软骨外露，且鳃上常带有污泥，靠病变部位的鳃盖内侧的表皮常被腐蚀成一个圆形或不规则的透明小窗，俗称“开天窗”；鳃线、鳃丝呈黄白色。死亡率一般 50%～60%，有时高达 80%。

（2）发病原因　该病在水温 20～35 ℃范围内均可发生，流行季节为 4—11 月，6—9 月为发病高峰期。从种鱼到成鱼均可受害，水温越高越易暴发流行，常引起大量死亡。

（3）防治方法　将病鱼及未患病的鱼同时捞至 3 mg/L 的呋喃西林溶液里，停喂 1～2 d，然后喂少量鲜活饵料，逐步恢复正常喂食，1 周左右可恢复正常；或将病鱼放入 15 mg/L 的鱼血清水溶液（络合碘类药物溶液）中，饲养 1 周左右即可恢复。原鱼缸用 3 mg/L 的高锰酸钾溶液浸泡消毒。预防：彻底清洗消毒鱼缸，杀灭病原体；经常往鱼缸内注入新水，控制水体透明度；高温季节开动增氧机，保持充足溶氧。

二、观赏鱼赤皮病

赤皮病又称出血性腐败病、赤皮瘟、擦皮瘟等。由荧光假单胞菌感染，引起鱼体两侧皮肤充血发炎、鳞片脱落。

（1）识病要点　病鱼体表出血发炎，鳞片脱落，尤其是鱼体两侧及腹部最为明显；鳍的基部或整个鳍充血，梢端腐烂，常烂去一段，鳍条间的软组织也常被破坏，使鳍条呈扫帚状，称为“蛀鳍”；在体表病灶处常继发水霉感染。有时鱼的上下颌及鳃盖也充血发炎，鳃盖内表面的皮肤常被腐蚀呈一个圆形或不规则的透明小窗。

（2）发病原因　病原存在于污染的水体、工具及带菌鱼。鱼的体表完整无损时，病原菌无法侵入鱼的皮肤；只有当鱼因捕捞、运输、放养，受到机械损伤，或冻伤，或体表被寄生虫寄生而受损时，病原菌才能乘虚而入，引起发病。在我国各养鱼地区，一年四季都有流行，尤其是在捕捞、运输后，及北方在越冬后，最易暴发流行。

(3)防治方法　用 20 mg/L 高锰酸钾溶液或 3 mg/L 漂白粉溶液浸泡鱼、鱼缸及用具，可起到消毒杀菌作用，一般 2 周左右恢复正常。严重者，肌内注射硫酸链霉素，按每千克体重 20 mg；用磺胺噻唑，按每千克体重 50～100 mg，拌饵投喂，连喂 6 d。预防：彻底清洗鱼缸；加强饲养管理，保持优良水质，严防鱼体受伤；在北方越冬池应加深水深，以防鱼体冻伤；投喂优质颗粒饲料，增强鱼体抵抗力；发现鱼体受伤后，应立即在鱼缸内遍洒 1～2 次消毒药。

知识链接

http://www.ichong123.com/yu(爱宠网)。

项目五　宠物兔的卫生保健

学习目标

1. 能识别主要宠物兔的品种。
2. 掌握宠物兔的卫生保健技术。

学习内容

一、宠物兔品种

1. 波兰兔

波兰兔(图 5-1)原产于波兰,体重小于 1.6 kg,是纯种兔中最娇小的。身圆头短,两只耳朵竖起及靠在一起,长度不超过 7.6 cm,毛短及浓密。

2. 侏儒海棠兔

侏儒海棠兔(图 5-2)别名侏儒荷达特、侏儒熊猫兔。侏儒海棠兔可分为两种,一种是全身为纯白体色,在眼睛部位带有黑色眼线;另一种同样有黑眼线,只是雪白体身上还带有些许斑点。侏儒海棠兔的体型娇小,肩部至臀部呈圆弧状,头大且耳短(耳朵不长于 7 cm,理想的长度约 6 cm),眼珠深啡色。小空间即可饲养。

图 5-1　波兰兔

图 5-2　侏儒海棠兔

3. 磨光兔

磨光兔(图 5-3)原产于英格兰,被毛通常为柔亮光滑的深色系,体型娇小,为迷你型兔。眼睛大而有神;鼻子比较短,鼻尖较平,常见黑色;两耳短小直立,呈"V"形。

4. 多瓦夫兔

多瓦夫兔(图 5-4)原产于德国,迷你型兔,成年兔体长仅 30 cm,体重 1～2 kg,体型非常娇小,可以说是真正的"迷你兔"。短耳,脸圆形,毛色有灰色、黑色等。

图 5-3 磨光兔

图 5-4 多瓦夫兔

5. 喜马拉雅兔

喜马拉雅兔(图 5-5)原产于喜马拉雅山脉南北地区。体重 1.1～2 kg,身体较长,头长及窄,颜色很特别:眼睛为红色,身体的末端处(尾、足、耳、鼻)为黑色,其余全为白色。

6. 荷兰垂耳兔

荷兰垂耳兔(图 5-6)原产荷兰,体重 2～2.5 kg。毛色有纯色、刺鼠色、杂色、铜铁色、橙色宽条纹等。性情温顺,喜爱干燥清洁,胆小。

图 5-5 喜马拉雅兔

图 5-6 荷兰垂耳兔

二、宠物兔的饮食卫生保健

1.仔兔

根据家兔的生长发育阶段，把从出生到断奶的兔称为仔兔。期间又分为两个发育期：仔兔出生至睁眼（10～12日龄）前称睡眠期，其后称开眼期。

（1）睡眠期　睡眠期的仔兔几乎不能自我调节体温，所以要做好保暖防冻工作；生长发育特别快，营养需求高，要保证仔兔及时吃到初乳，吃饱不受饿。

（2）开眼期　仔兔一般为12 d左右睁眼，开眼早表明体质好，开眼迟表明仔兔体质发育不良；开眼后的仔兔及时实行"补饲"。

2.幼兔

幼兔是指断奶后至3月龄的兔子，此阶段是家兔生长发育的旺盛期，也是发病和死亡率最高的时期。饲养管理的质量，在一定程度上决定其生产潜力的发挥和养兔的成败。

幼兔的饲养管理重点在"保证营养，精心护理"。在喂料方面，除要坚持少食多餐，定时定量，不要突然更换饲料品种和大幅度增加喂量以外，在食槽和饮水器的选型和设置上，要便于多只兔同时进食和保证饮水；3个月以下的幼兔不建议喂食新鲜的牧草蔬菜水果，容易引起腹泻，可将蔬菜水果煮熟、牧草晾2 d后饲喂。在管理方面，要避免舍内温度过高、过低，潮湿和风速过大，还应注意保持笼具、饲料、饮水的清洁卫生和适当的饲养密度（在55 cm×75 cm的笼内，养4～8只兔为宜）。饲养人员须随时仔细观察幼兔的采食、粪便及精神状态，及早做好疾病的防治和接种疫苗。

3.后备兔

后备兔是指3月龄以上至初配前留作种用的青年种兔。后备兔的饲养管理直接关系到种兔的配种繁殖效果及其品种优良性能的发挥，饲养管理不当可导致其优良性能退化，甚至失去种用价值。

后备兔的饲养要保证一定量的蛋白质（15%～16%）和钙、磷、锌、铜、锰、碘等矿物微量元素，以及维生素A、维生素D、维生素E的供给，适当限制粮食类精料比例，增加优质青饲料和干青草的喂量。做好兔瘟、呼吸系统疾病的预防接种和疥癣病的定期防治；防止后备种公、母兔间早交乱配。

4.种公兔

在兔群中，种公兔的数量最少，但养好种公兔至关重要。抓好种公兔的饲养管理，要在以下4个方面把好关。

（1）营养供给要全面、均衡　公兔的种用价值首先取决于精液的数量和质量。而精液的数量和质量与营养，尤其与蛋白质、维生素和矿物微量元素密切相关。日粮中蛋白质过低或过高，都会使活精子数减少，导致受胎率和产活仔数下降。如果缺乏钙和维生素A、维生素D、维生素E，公兔不仅会表现出四肢无力，性欲减退，还会导致精子发育不全，活力下降，数量减少，畸形精子增加，使母兔屡配不孕。

（2）与仔兔、幼兔、母兔相比，公兔挑食性明显　喂公兔的饲料，要求体积小，适口性好，花色品种多，消化性良好。少用质量低劣的青、粗饲料，以增进公兔食欲，保证营养，避免公兔肚腹过大，影响配种。

(3)种公兔笼位要宽大、位置适当，以方便配种操作，不宜与母兔笼位相邻，注意光线充足。

(4)使用种公兔要讲科学　在配种季节不宜过度使用公兔，或公兔数量过多致使部分公兔在较长时间闲置，这样易造成配种效果不好，导致公兔早衰，或引起公兔发胖，性欲下降，甚至失去种用价值。

5.种母兔

种母兔是兔群的基础。养好种母兔是扩大兔群、增加生产的重要前提。由于种母兔在空怀、妊娠和哺乳三个阶段中的生理状态有明显的差异，因此在卫生保健方面应抓好以下主要环节。

(1)空怀母兔　喂养空怀母兔，以保持体型适中、体况良好、发情周期正常为目的。如果母兔过瘦，会导致激素分泌减弱，卵子发育不良，从而造成屡配不孕，长时间空怀。在管理上要严格实行单笼饲养，防止母兔跑出笼外与公兔乱交配，或母兔间相互爬跨而导致“假孕”，影响正常繁殖和母兔健康。

(2)妊娠母兔　从受配到产仔为母兔的怀孕期，一般为 30～31 d。饲养管理的好坏，将直接影响母兔的产活仔数、仔兔初生窝重及仔幼兔的生活力。

怀孕母兔的饲料，要求营养好、易消化、体积小。切莫饲喂发霉、腐烂、变质和冰冻饲料，否则死胎、弱胎增加，还易引起流产。

怀孕期母兔的管理，重在保胎。受孕后 15～25 d 这段时间，是母兔流产高发期。为此，要尽力保持兔舍的安静，不要随意追捉母兔，除非特殊情况，禁止疫苗接种和进行外寄生虫或皮肤病的治疗。

(3)哺乳母兔　从分娩到仔兔断奶，称为母兔的哺乳期，一般为 28～42 d。搞好哺乳母兔的饲养管理，一是为仔兔提供量多质好的奶水，二是为促使母兔能维持良好的体况和繁殖机能，有利于再一次发情受孕。

兔乳的营养非常丰富，为各种家畜之冠。在哺乳期，高产母兔每昼夜泌乳 200 g 左右。由此可见，母兔为恢复产仔造成的体能损失、维持自己的正常生命活动和产奶，每天要消耗大量的营养物质，尤其是蛋白质、能量和钙、磷，这些物质只能从日粮中获得。此外，要经常查看母兔的泌乳情况（看仔兔是否吃饱），发现缺奶或奶多都要及时调整饲料的喂量和带仔数。寄养仔兔时，应先将被寄养的仔兔放入保姆兔产的仔兔箱内，12 h 以后方可让母兔哺乳，以避免母兔识别出“养仔”而将其咬死、咬伤。在母兔哺乳期抓捉母兔和仔兔较频繁，操作要轻，防止造成母、仔兔的皮外伤，尤其是母兔乳房，以减少球菌感染，引起脓疱、乳腺炎等疾病。笼舍要清洁，巢箱要保持温暖、干燥、柔软。

课后思考

1. 宠物兔的品种有哪些？
2. 简述宠物兔的日常卫生保健要点。

知识拓展 〉〉〉

一、兔巴氏杆菌病

兔巴氏杆菌病是由 Fo 型多杀性巴氏杆菌引起的，其血清型为 7∶A、5∶A，该病是引起 9 周龄至 6 月龄兔死亡的一种最主要的传染病。一般无明显季节性，但以冷热交替、气温骤变，闷热、潮湿多雨季节发生较多。

(1)识病要点　潜伏期长短不一，数小时至 5 d 或更长。临床上常见以下几种类型。鼻炎型是最常见的一种类型，其特征为浆液性、黏液性或脓性鼻漏。病兔常用前爪擦揉外鼻孔，使该处被毛潮湿缠结。病兔打喷嚏、咳嗽，并有鼻塞音；地方流行性肺炎型表现为食欲不振，精神沉郁，多因败血症死亡；败血型病兔死亡迅速，无明显临床症状；中耳炎型（又称斜颈病）病兔头颈向一侧斜或扭转，滚动。吃食、饮水困难，体重减轻。如感染扩散到脑膜和脑，则出现运动障碍或其他神经症状。病兔还可能表现为生殖器官感染、结膜炎或全身部位脓肿。

(2)发病原因　当饲养管理不善、营养缺乏、饲料突变、过度疲劳、长途运输、寄生虫感染以及寒冷、闷热、潮湿、拥挤、圈舍通风不良、阴雨绵绵等，使兔的抵抗力降低时，病菌易乘机侵入体内，发生内源性感染。病兔的粪便、分泌物可以不断排出有毒力的病菌，污染饲料、饮水、用具和外界环境，经消化道而传染给健康兔，或由咳嗽、喷嚏排出病菌，通过飞沫经呼吸道而传染，吸血昆虫也是传染的媒介，皮肤、黏膜伤口也可发生感染。

(3)防治方法　平时加强饲养管理，改善环境卫生，注意改善兔子食欲，注意保暖防寒，防治寄生虫病等；定期进行检疫；兔舍、用具要严格消毒。预防时可用兔巴氏杆菌病氢氧化铝菌苗肌内注射，每年 2 次，对预防本病有一定效果。病兔可用链霉素、诺氟沙星、增效磺胺及头孢菌素等治疗。

二、兔病毒性出血症

兔病毒性出血症简称兔出血症，俗称兔瘟，是由兔瘟病毒引起的一种急性、热性、高度接触性传染病。其特征是突然发病，呼吸急促，运动失调，抽搐尖叫，迅速死亡，发病率和死亡率都很高。

(1)识病要点　潜伏期一般 2～4 d。根据临诊表现常分为最急性、急性、慢性 3 型。最急性型多见于流行初期的个别青年兔突然发病，快速死亡，很难看到明显临诊症状。急性型病兔最多见，体温升高 41 ℃以上，精神萎靡，食欲废绝，反应迟钝，呼吸加快。阵发兴奋时，运动失调，时而盲目狂奔、蹦跳，时而惊厥、挣扎。濒死前严重腹泻，迅速衰竭，抽搐死亡后，多有角弓反张，口、鼻和二阴有出血现象，病程 1～2 d，病死率 90%～100%。慢性型病兔食欲减退，被毛粗乱，后期腹泻加重，脱水衰竭死亡。

(2)发病原因　家兔和野兔对本病易感，各品种不同性别的青年兔、成年兔最易发病死亡，哺乳仔兔较少发病。病兔和带毒兔是主要的传染源，通过分泌物及排泄物排毒。经直接接触或间接接触方式，由呼吸道、消化道、皮肤和黏膜等多种途径感染。具有发病急，传播快，范围广，感染率、发病率、死亡率高的特点。

(3)防治方法　平时做好免疫接种，常用疫苗有兔瘟组织灭活疫苗、二联(兔瘟、巴氏杆菌)和三联(二联＋产气荚膜梭菌A型)灭活疫苗。3～4周龄仔兔首免，皮下注射0.5～1.0 mL/只；2月龄时二免，皮下注射1～2 mL/只；成年兔每年2次免疫，每次皮下注射1～2 mL/只。对引进兔要做好检疫和临时免疫，并隔离饲养观察1个月以上，确认健康者方可混群饲养或种用。

一旦发生疫情，及时隔离分群，封锁疫点.可疑群、假定健康群紧急免疫；对有价值种兔及时采用高免血清治疗，1～2 mL/kg体重，肌内注射。污染的环境、用具和物品等彻底消毒。

三、兔球虫病

兔球虫病是由艾美耳科艾美耳属球虫寄生于兔的肝脏和肠道黏膜上皮细胞所引起的疾病。主要特征为肠、肝混合型感染，并表现出相应症状，后期出现神经症状。

(1)识病要点　患病兔表现食欲减退或废绝，精神沉郁，动作迟缓，伏卧不动，眼、鼻分泌物增多，唾液分泌增多，腹泻与便秘交替，尿频。由于肠膨胀、膀胱积尿和肝肿大而出现腹围增大，肝区疼痛，结膜苍白、黄染。后期出现神经症状，四肢痉挛、麻痹，多因高度衰竭而死亡。粪便漂浮法检查发现卵囊可确诊。

(2)发病原因　患病或带虫兔是本病的传染来源，通过粪便将卵囊排出。仔兔主要是通过吃入母兔乳房上沾污的卵囊而感染。幼兔主要是通过饲料和饮水而感染。此外，饲养人员、工具、鼠和蝇类等昆虫均可机械性地传播本病。4～5月龄内幼兔多发。温暖潮湿季节多发，晴雨交替、饲料骤变或单一可促进本病的暴发。

(3)防治方法　病兔隔离后用磺胺六甲氧嘧啶、磺胺二甲基嘧啶、氯苯胍、杀球灵或莫能菌素治疗；引进兔时严格检疫；幼兔与成兔分隔饲养；兔舍保持清洁干燥；笼具等用开水或火焰消毒；科学安排母兔繁殖时间，使仔兔断奶避开梅雨季节；流行季节在断奶幼兔饲料中添加药物预防；避免工作人员机械性传播；消灭兔场内鼠及蝇类。

知识链接 〉〉〉

http://www.ichong123.com/chongwumore(爱宠网)。

项目六　观赏龟的卫生保健

学习目标

1. 能识别主要观赏龟的品种。
2. 掌握观赏龟的日常卫生保健技术。

学习内容

一、观赏龟品种

1. 密西西比红耳龟

密西西比红耳龟(图 6-1)俗称巴西龟、巴西彩龟、红耳龟、七彩龟、秀丽锦龟、麻将龟，原产于密西西比河流域，主要分布于美国的新墨西哥州东部、得克萨斯州、路易斯安那州、密西西比州、阿拉巴马州，穿过俄克拉荷马州、阿肯色州、堪萨斯州、肯塔基州、田纳西州、东堪萨斯州，以及密苏里州东部，直到印第安纳州和伊利诺伊州，也自然分布于俄亥俄州那样的隔离区，邻近得克萨斯州的墨西哥州东北部也有广泛分布。

雌性体重可达 1 000～2 000 g，雄性体重不超过 500 g。红耳龟的头、颈、四肢、尾均布满黄绿镶嵌粗细不匀的条纹，头顶部两侧有 2 条红色粗条纹。眼部的角膜为绿色，中央有一黑点。吻钝。背甲、腹甲每块盾片中央有黄绿镶嵌且不规则的斑点，每只龟的图案均不同。指、趾间均具蹼。尾适中。

2. 草龟

草龟(图 6-2)别名金龟、泥龟、墨龟、水龟、乌龟，分布于中国、韩国、日本等。背甲 10～15 cm。事实上，金龟的外形颇具个性，背甲上有三道明显的棱脊，深棕色至黑色的头部两侧有着金色的圆形或不规则形的花纹，这也是其名称的由来，不过也有些个体并没有任何花纹。雌龟与雄龟的差别在于尾部的大小，雄性尾部粗大，泄殖腔超过背甲边缘，雌龟则相反，且体型大于雄龟。雄龟有黑化的倾向，所以深色个体多为雄性。

图 6-1　巴西龟

图 6-2　草龟

3. 黄喉拟水龟

黄喉拟水龟(图 6-3)别名石龟、石金线龟、黄板龟、黄龟、香龟,为龟科拟水属的爬行动物,分布于越南、日本等,常见于丘陵地带、半山区的山间盆地或河流谷地的水域中。在我国,主要分布于安徽、福建、江苏、广西、云南、海南等地。

黄喉拟水龟甲长 15～20 cm,头小,头顶平滑,橄榄绿色,上喙正中凹陷,鼓膜清晰,头侧有两条黄色线纹穿过眼部,喉部淡黄色。背甲扁平,棕黄绿色或棕褐色,具三条脊棱,中央的一条较明显,后缘略呈锯齿状。腹甲黄色,每一块盾片外侧有大墨渍斑。四肢较扁,外侧棕灰色,内侧黄色,前肢五指,后肢四趾,指、趾间有蹼,尾细短。

4. 中华花龟

中华花龟(图 6-4)又称花龟、斑龟、珍珠龟、长尾龟、台湾草龟,为龟鳖目潮龟科花龟属爬行动物,分布于越南、中国。在中国主要分布于福建、广东、广西、海南、江苏、浙江等地。

中华花龟背甲长 20 cm,宽 16 cm,头部、颈部及四肢的皮肤上都长着亮绿色和黑色的条纹,龟头部较小,顶后部光滑无鳞,上喙有细齿,中央部有凹陷。幼体背甲呈浅灰绿色,有三条明显的脊棱。成年背甲会变得偏向棕色,背甲上的其中两条脊棱会渐渐消失。腹甲棕黄色,每一盾片具有一块大墨渍状斑块,腹甲后缘缺刻。甲桥明显,背甲、腹甲间借骨缝相连。中华花龟背甲呈栗色且略拱,后缘不呈锯齿状。

图 6-3 黄喉拟水龟

图 6-4 中华花龟

5. 三线闭壳龟

三线闭壳龟（图 6-5）又称红肚龟、金线龟、三线龟、闭壳龟、川字背龟、红边龟，分布于越南、老挝和我国的广东、海南、广西、福建等地。体长 10～20 cm，头大小适中，头背皮肤光滑。吻略突出于上腭，上腭微勾曲。背甲较低，具三棱，脊棱突出。腹甲与背甲略等长，前缘平，后缘凹入。背甲、腹甲以韧带相连，腹甲胸、腹盾间也以韧带相连，前后二叶可动，并能向上闭合背甲。四肢较扁，指、趾间全蹼。尾长而尖细。头背鲜黄或橄榄黄色，头侧栗色。背甲淡棕色或淡棕黑色，三条脊棱为棕黑色，腹甲黑褐色，边缘黄色。

6. 黄缘盒龟

黄缘盒龟（图 6-6）又称黄缘箱龟、黄缘闭壳龟、黄金龟、食蛇龟，主要分布在我国安徽、福建、广东、广西、河南、湖南、江苏等地。

黄缘盒龟壳长 13 cm 左右。头顶光滑，并呈现橄榄色，两眼之间连接着一条黄色“U”形条纹，眼睛较大且有清晰的鼓膜。嘴部上唇有明显的勾曲且整体向前端平。龟甲暗红色或棕红色，高高隆起，中央脊棱很明显，黄色，盾片上的同心环状纹路比较清晰。腹部黑褐色，背甲和腹甲、胸盾和腹盾间由韧带连接。腹甲的前后边缘呈半圆形，无残缺。四肢灰褐色，形状扁平且有鳞片。四趾长有半蹼，尾巴短小。当头尾及四肢缩入壳内时，腹甲与背甲能紧密地合上，故名为“黄缘盒龟”。

图 6-5　三线闭壳龟

图 6-6　黄缘盒龟

图 6-7　缅甸陆龟

7. 缅甸陆龟

缅甸陆龟（图 6-7）又称黄头陆龟、黄头象龟、缅龟、陆龟、象龟、枕头龟，属爬行纲龟鳖目陆龟科。主要分布于印度东北部至越南一带，包括尼泊尔、印度、泰国、越南、马来西亚、孟加拉、缅甸和柬埔寨等国。中国云南的滇西和滇南的热带地区以及广西也有。

缅甸陆龟成体背甲长 20 cm 左右。头中等，头部呈淡黄色，头顶具一对前额鳞及一枚大的、常分裂的额鳞，其余鳞片小而无规则，吻短，腭缘呈细锯齿状。上喙略勾曲，鼻孔处为粉红色或淡黄色。体黄绿色，每一盾片有不规则的黑色斑块。背高而甲长，背部较平，臀盾单枚，向下包。腹甲大，前缘平而厚实，后缘缺刻深。四肢粗壮，圆柱形，褐色，有不规则黑色斑点，前肢 5 爪。指、趾间无蹼。尾短，其端部有一爪状角质突，雄性发达。

二、观赏龟的日常卫生保健

1. 饮食卫生保健

龟的饲料可以是鱼、猪肉、动物内脏、螺及血虫（摇蚊幼虫）、红丝虫（水蚯蚓）、黄粉虫（面包虫）、蝇蛆等动物性饵料，菜叶、米饭、瓜果等植物性饵料，也可将新鲜饵料和混合饲料掺在一起，连续投喂数次，待龟适应后，可投喂混合饲料。多数龟为杂食性，但多偏食动物性饵料。在人工饲养条件下，以家禽、猪等动物内脏及蝇蛆、面包虫为主。饲料必须新鲜、无异味，下脚料应先洗净，再剔除多余的筋、皮等物，以免消化不良。适当搭配瓜果、蔬菜及混合饲料，以增加营养。在春秋季节添加维生素 E 粉、抗生素，以提高龟的怀卵量和增强龟的体质，日常喂食中应做到定时、定点、定质。投饵的地点应固定，这样便于观察龟的吃食情况、活动情况。当饲料投喂后，健康的龟能爬到食台前觅食。那些反应迟钝或不食的龟应注意观察，严重者应分开饲养。

2. 日常观察

日常观察是饲养过程中重要的环节。通过观察，可及时发现异常现象。为此，需要饲养者每天观察龟的活动、吃食、粪便等情况。

(1)采食情况　采食分为主动采食和被动采食。被动采食多发生在驯化阶段，由饲养者填喂。对于健康的龟，饲养者把饵料放入饲养箱内，龟嗅到气味时，就会从远处爬到饵料旁，主动采食。投喂饵料时，饲养者应重点观察龟吃食数量多少、反应灵敏程度、吃食行为等情况。

(2)排泄情况　观察龟类粪便可了解龟对饵料消化吸收的情况。观察内容包括粪便的形状、颜色、质地、内容物。正常粪便为长条状、圆柱形。粪便颜色因生活习性、饵料种类不同而有差异。如水栖龟类的饵料为配合饵料时，粪便为棕灰色长条状，外裹白膜；当改喂猪肝时，粪便为绛红色长条状；若投喂胡萝卜时，粪便为胡萝卜色长条状。陆栖龟类的饵料为菜叶等，粪便为深绿色圆柱形，混杂部分沙。龟类的粪便质地较软，似面团，外裹白膜(陆栖龟类无)。野生龟类的粪便内通常有未消化的树叶、果实核、寄生虫等内容物。人工饲养时，龟的粪便为泥状物。无论何种龟类，异常粪便通常呈水样，有黏液(似蛋清状)，颜色多呈白色透明状、血红色、深黑色或黄绿色。

(3)日常活动　在正常情况下，龟类爬行自如，四肢将身体撑起。水栖龟类在水中游动时，身体与水面平行。若龟出现异常现象，如龟游动时，身体不能保持平衡，身体倾斜或者在龟爬动时，仅有 3 条腿爬行，这些都反映出龟已患病；如产蛋异常则需到医院检查是否难产。

总而言之，日常观察是饲养过程中必不可少的工作。观察过程中只有将每天观察的结果与日常观察到的情况相比较，才能正确判断龟是否患病。

课后思考 〉〉〉

1. 常见观赏龟的品种有哪些？
2. 如何饲养幼龟？
3. 简述观赏龟的日常观察要点。

知识拓展 〉〉〉

一、观赏龟腐皮腐甲病

腐皮腐甲病(图 6-8、图 6-9)是龟十分常见的传染病之一。主要的病原有嗜水气单胞菌、假单胞菌和无色杆菌。

(1)识病要点　患病龟皮肤、龟甲发炎，肿胀，溃烂，溃疡等，有些龟胸盾、腹盾、股盾处有腐烂；部分龟数块缘盾腐烂发红或者发黑，部分缘盾和腹甲盾片翘起，发出腐烂气味。严重的腐皮腐甲病可以导致龟死亡。

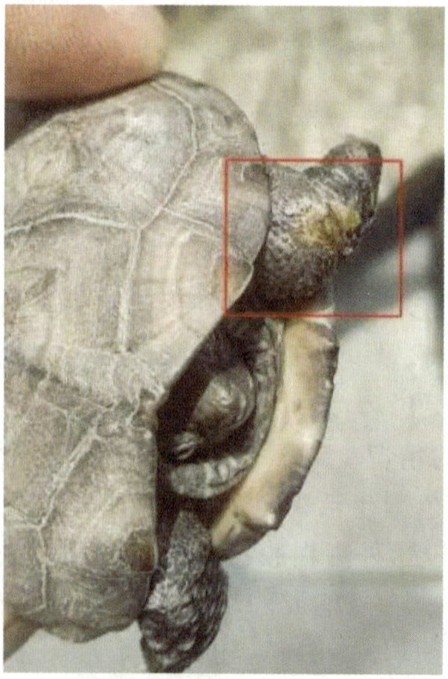

图 6-8　皮肤炎症

图 6-9　龟甲溃烂

（2）发病原因　水质不良，水中存在嗜水气单胞菌、假单胞菌或者无色杆菌，龟身上有供细菌侵入的细微伤口，就会引起感染。

（3）防治方法　①环境消毒　将病龟隔离，对养龟环境进行消毒，可以使用高锰酸钾或者 20 mg/L 漂白粉浸泡 24 h，或者 10%食盐水浸泡 30 min。注意消毒的缸需要清水冲洗并晾晒后再次使用。②龟体消毒　病龟放入清水中充分饮水，然后放入 5‰聚维酮碘液中浸泡消毒龟体。聚维酮碘液除了有消毒的作用，还有去腐生肌的作用，在消毒的同时促进新生皮肤和新角质层生长，使腐皮下部长出新的皮肤、腐甲下部长出新的角质层。③局部用药　腐皮部位、浅表性腐甲部位使用 5%聚维酮碘液原液涂抹，然后涂上抗生素软膏（红霉素眼膏、金霉素眼膏、青霉素眼膏或者链霉素软膏等），每日 3～4 次，几天后可好转；当甲片已经糜烂、穿孔、发出臭味，则先手术清创，即用消毒过的刀片、剪刀等刮、挖、剪等对糜烂部位进行清理，然后用 3%双氧水冲洗清理患部，再用 5%聚维酮碘液消毒，最后涂上抗生素软膏或者抗生素粉（氨苄西林或氟苯尼考等），每两日换一次药物。接着对病龟采取全身性消炎措施。④全身性抗菌消炎　口服抗生素或者注射抗生素。

（4）预防　①龟缸定期消毒，最好是两周一次，使用 10%食盐水即可。②注意水质消毒，可以使用 0.05%食盐水直接泼洒到养龟水里面消毒水和龟体，注意不是每日加盐，而是定期水体消毒或者是发现龟身上有伤口时候，因为长期摄入盐分对龟是一种伤害。③平时可以酌情使用维生素 E、维生素 C、维生素 B_5 和维生素 B_{12} 帮助龟提高免疫力。

二、观赏龟水霉病

水霉病是由于宠物龟长期生活在水中或阴暗潮湿处，对水质不适应，存在于水体中的水霉、绵霉等真菌感染龟体表皮肤而引起。全年都有发生，但以秋、冬、春三季多见。

(1)识病要点　感染初期不见任何异常，继而食欲减退、体质衰弱，或在冬眠中死亡。随着病情的发展，体表、头、四肢、尾部产生灰白色斑，俗称“生毛”，进而表皮形成肿胀、溃烂、坏死或脱落，很快死亡。水霉病多发生于龟的头颈、四肢和尾部。菌丝白色，柔软，呈棉絮状。最初时病龟食欲减退、焦躁不安，严重时颈部、四肢长满水霉，部分病灶伤口充血溃烂，最后衰竭死亡。

(2)防治方法　治疗：用1%磺胺药物软膏涂抹病灶处，1～2 min后放入清水中漂洗去多余药物，再投入原池中饲养，3～4 d后再重复用药1次。用3%～5%食盐水浸泡10 min，或20 mg/L高锰酸钾溶液浸泡15 min后晒太阳30 min，每日2次，连续3～5 d。同时在投喂的食物中拌入适量的抗生素，提高龟的抵抗力。预防：平时要做好池水的消毒工作，保持水质清新。多晒阳光可自然抑制真菌繁殖，在发病季节或个别龟开始发病时，每立方米水体用1 g孔雀石绿对池水消毒。也可对病龟提高用药量来药浴消毒，每立方米水体加孔雀石绿2 g，泡至龟体上水霉染成绿色即可，然后放入池内，过几日水霉即可退去。也可把患水霉病的龟放一个无水容器中晒数小时太阳，水霉也会萎缩退去。

知识链接

http://www.ichong123.com/wugui(爱宠网)。

项目七　宠物鼠的卫生保健

学习目标

1. 能识别主要宠物鼠的品种。
2. 掌握宠物鼠的卫生保健技术。

学习内容

一、宠物鼠品种

图 7-1　雪球仓鼠

1. 仓鼠

仓鼠(图 7-1)是仓鼠亚科动物的总称。共 7 属 18 种,主要分布于亚洲,少数分布于欧洲,其中中国有 3 属 8 种。除分布在中亚的小仓鼠外,其他种类的仓鼠两颊皆有颊囊,从臼齿侧延伸到肩部,可以用来临时储存或搬运食物回洞储藏,仓鼠这个名字的由来就是来自德文 hamstern,意思是储藏。仓鼠又称腮鼠、搬仓鼠。

仓鼠长相奇特,小巧玲珑,活泼灵敏,十分惹人喜爱,具有玩赏价值,适宜作宠物在室内饲养。

2. 南美洲栗鼠

南美洲栗鼠(图 7-2)属于哺乳纲啮齿目豪猪亚目美洲栗鼠科,原产于南美洲安迪斯山脉,有 10～20 年寿命。因其外形酷似日本动漫大师宫崎骏的电影《龙猫》中的卡通龙猫,所以在香港被改名叫"龙猫"。现存品种分别是短尾龙猫和长尾龙猫,作为宠物饲养的一般是长尾龙猫。

南美洲栗鼠有一双大而亮的眼睛,鼻侧长有许多长短不一的胡须,触觉灵敏。耳朵大而薄,钝圆形。前肢短小,有五指;后肢强壮,有四趾,善于跳跃,一般能跳到 1 m 左右的高度,不善于挖掘,但能拿握东西,因此可以训练其拿卡片、握手等动作。南美洲栗鼠背部和两侧毛呈灰黑色(还有其他一些人工培育的颜色),腹部渐淡至白色,体毛分布均匀。成年雌性体型较大,一般体重在 700 g 以上,雄性体重在 600 g 以上。初生南美洲栗鼠体重一般在 60 g 以上。颜色有标灰色、米色、丝黑色、丝咖色、银斑色、浅黑色、熊黑色、深黑色、粉白色、纯咖色、紫灰色等多种。

3. 天竺鼠

天竺鼠(图 7-3)别名荷兰鼠、荷兰猪、彩豚、豚鼠、几内亚猪,在动物学的分类属哺乳纲啮齿目豚鼠科豚鼠属。尽管名字叫荷兰猪、几内亚猪,但是这种动物既不是猪,也并非来自荷兰、几内亚。它们的祖先来自南美洲的安第斯山脉,16 世纪时由欧洲商人带到西方,当时人们就很喜欢这种小动物并作为宠物饲养。它们性情温顺,乖巧可爱,比较容易照顾,至今仍旧是常见的家养宠物。世界上有些组织争先恐后致力于繁殖豚鼠,培育出了多种毛色不一、形态各异的品种。

豚鼠科主要分布在秘鲁、巴西、巴拉圭、哥伦比亚等地,共 5 属 15 种,为南美洲特产,栖息于岩石坡、草地、林缘和沼泽,穴居,繁殖率高,抗病力强,性成熟早,性周期短,一般为 16 d 左右;妊娠期为 60～65 d,每年可产 6 胎,平均每胎产 4～8 只,仔鼠体重为 100 g 左右,产下就会采食、活动。

天竺鼠体型短粗而圆,头较大,眼大而圆且明亮,耳圆,上唇分裂,耳朵短小;四肢短,前肢具 4 趾,后肢 3 趾,无尾。人工培育许多品种,除安哥拉豚鼠被长毛外,体毛皆短,有光泽。体毛有黑色、白色、灰色、褐色、巧克力色等,也有具各色斑纹的。体重 700～1 200 g,体长 20～25 cm。它们的寿命为 4～5 年。不过,据 2006 年吉尼斯大全记录,最长寿的天竺鼠存活了 14 年 10 个月之久。

根据其被毛特点一般分为短顺、短逆、长顺、长逆、无毛、卷毛等几种。

图 7-2 南美洲栗鼠

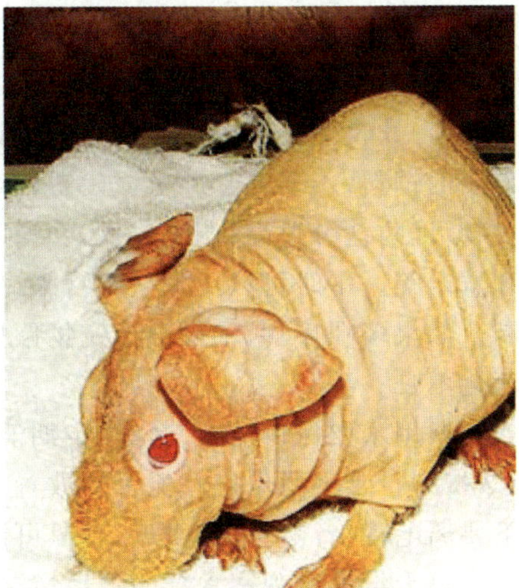

图 7-3 无毛天竺鼠

二、宠物鼠的日常卫生保健

1.饲养用品

(1)笼子　通常使用铁丝笼,笼子底盘尽量不使用铁丝网,宠物鼠容易因此骨折受伤。如使用铁丝网笼则应铺上脚垫。存放地点注意避开猫狗,避免日光直射(因为它们非常怕热)和风吹雨淋,注意通风,冬天时注意保暖。仓鼠不能合笼饲养,即使公母也不可以。

(2)食盆　避免选择塑料的或其他会被啃食的材料。应当选择陶瓷或者不锈钢质地的,且要有一定分量不容易被打翻。

(3)饮水器　不能直接用碗盛水,要使用专用的饮水器,选择品质优良的饮水器避免漏水造成笼内潮湿。

(4)厕所　陶瓷为最佳,不要选择塑料材质以免啃食造成危险。最佳垫材为专用纸棉,另可用专用木屑放在托盘内吸收尿液,如垫材较湿后,需及时更换。

(5)浴室　对爱干净的宠物鼠,主人应该给它买个浴室,放上专用浴粉或浴沙让其尽情地翻滚。但有些宠物鼠会在厕所里用猫砂沐浴,那就不再需要沐浴房了。禁止用水洗仓鼠,会让仓鼠感冒,严重的话可能会死亡。

(6)跑轮　运动对宠物鼠非常重要,没有足量的运动,宠物鼠容易营养过剩而过度肥胖,或因压力过大而出现咬笼子的行为。所以应该给其准备一个跑轮,购买时要根据宠物的体型大小选择合适的跑轮,如跑轮过小则会造成宠物鼠脊柱发育不良或畸形,应该选择无缝隙的跑轮,宠物鼠才不容易受伤。

(7)磨牙物品　宠物鼠的牙齿会不断生长,需要用磨牙棒磨掉过长的牙齿。请勿使用竹筷、棒冰棍等。

2.日常卫生保健

(1)饮食卫生保健　宠物鼠最好饲喂专业的鼠粮,并保证饲料的新鲜清洁,不能使用来路不明的饲料,不要喂食生虫或发霉腐败变质的饲料,不要喂食人吃的食物,特别是零食之类的食物,以防盐分过高,调味过重,会增加宠物鼠身体负担。但可饲喂不经过加工的粗粮,如玉米和薏米等。平时可以用少量零食来讨好宠物鼠,但注意饲喂量,不可多喂,用量一定要严格控制。如果多喂零食,不仅会让宠物鼠挑食、不吃主食导致长期营养不良,更可能造成宠物鼠的消化不良。

饮用水要保持洁净、新鲜,定期清洁饮水器,保持饮水器具的卫生。

(2)日常卫生保健　笼舍要放置在避免阳光直射或直接风吹的地方,但要注意通风透气。不要离电视、音响、电脑太近,仓鼠可以听到人类听不到的声音,应避免辐射和嘈杂。

每天早晨应观察食盒的消耗情况,确定宠物鼠的食欲和消化是否正常,若发现宠物鼠一夜未食或剩食较多,这时要仔细观察粪便情况。与所有啮齿类动物一样,宠物鼠的牙齿生长很快,必须提供磨牙物品供其磨牙,但不要使用竹筷、棒冰棍等东西让其磨牙,要使用市面上专用的磨牙用品、饲料,可准备一些悬挂咬串、磨牙石啃咬,如果发现耗损,就及时更换。

夏季做好降温,防止宠物鼠中暑,冬季防寒保暖。每天清扫笼子1次,将剩食倒掉,清扫笼底和托盘中的粪便,将潮湿的垫材更换,注意不要使用报纸、面纸等作垫材,报纸油墨过多,面纸内含有漂白剂会影响宠物鼠的健康。为了避免细菌的滋生，要定期对笼舍和各种用具进行消毒。

(3)特殊卫生护理 宠物鼠合笼前须把公母鼠的笼子并排放，让其相互熟悉。第一次合笼须有人在场，看见打架立即把它们分开，让它们继续隔着笼子熟悉，否则会因为互相撕咬而受伤。合笼以后，须观察笼内情况。要把产笼安放在安静、无阳光直射的地方，让母鼠熟悉产笼环境，安心待产。

为了保持宠物鼠的被毛清洁、皮肤健康，要定期为宠物鼠梳毛，长毛鼠因长毛容易打结或暗藏脏东西，最好每两天就梳一次毛。用梳子从鼠的脖子到臀部轻轻顺着被毛梳理即可。

宠物鼠的趾甲过长时，不但会影响走路，更因趾甲向内卷曲而伤及脚掌。故须将过长的趾甲剪掉。趾甲剪可以用人用的，也可以购买小动物用趾甲剪。剪趾甲时要注意包着趾肉的部分不能剪，因为那里有血管神经，不小心剪到的话宠物鼠不但会感到疼痛，更会引起出血。

课后思考 〉〉〉

1. 仓鼠的品种有哪些？
2. 豚鼠按不同被毛特点可分为几类？
3. 宠物鼠的饲养用品有哪些？
4. 如何饲养宠物鼠？
5. 简述宠物鼠的日常管理要点。
6. 简述宠物鼠的特殊护理要点。

知识拓展 〉〉〉

一、与仓鼠接触时的注意事项

①仓鼠的嗅觉十分灵敏，如果你拿过它爱吃的食物，它很可能闻得出来，误以为你是食物而咬你。建议在摸仓鼠前后都要洗手。

②你的仓鼠原来在宠物店是合养的，虽然幼鼠领地意识还不强，但也会常与其他同笼的仓鼠打架，脾气会比较暴躁，对其他生物怀有警惕与敌意。建议你按照时间表与仓鼠相处，消除它的敌意。

③你和仓鼠还不熟，却经常摆弄它，用手抓它，会让它没有安全感。建议你按照时间表一步一步来消除仓鼠对你的敌意。

④仓鼠的视力不太好，会把你的手指误认为是食物。所以当你把仓鼠放在手上的时候，如果手指不并拢，仓鼠很可能会把你的手指当作食物一口咬下去。但是五指并拢不要太紧，太紧会卡住仓鼠的脚。最好不要用手指挑逗仓鼠，减少被咬的风险。

⑤仓鼠的领地意识很强，如果你摸过别的仓鼠，手上沾了别的仓鼠的气味，那么仓鼠绝对会毫不客气地驱逐陌生的仓鼠(其实是你的手)，所以摸过别的仓鼠之后被误咬也是非常常见的情况。建议摸过别的仓鼠后，洗手再摸自己的仓鼠。

二、仓鼠的常见病及处理方法

发现仓鼠有异常状况要多留意观察它们的状态，如果真的有疾病问题，要尽早为其解决。不要拖拖拉拉，这样很可能将原本容易处理的小病拖延成大病。仓鼠常发疾病及处理方法如下。

1.肿瘤

（1）症状　身体某部位出现明显突起，且随着时间的推移，突起越变越大。

（2）特征　仓鼠与人类一样会生肿瘤，且同样有良性及恶性之分。当发现仓鼠身体长出肿瘤时，必须透过组织的切片检查，才能知道肿瘤到底是属于良性或恶性。若肿瘤是恶性的，便需进行切除手术；不过，手术后，不良细胞仍有机会转移到其他部位。

（3）处理　若发现仓鼠身体出现肿瘤，应当立即请教兽医。如果肿瘤属于良性的，经切除后便能根治；如果属化脓的肿瘤，则需于切开后，将肿瘤部位清洗干净及消毒，然后再给予抗生素治疗；一旦确诊属于恶性肿瘤，便需以抗癌药物进行治疗，其间也会产生副作用。

2.皮肤病

（1）症状　皮肤出现红肿及脱毛的情况。

（2）特征　仓鼠可能会出现脱毛、抓挠等相关问题。

（3）处理　首先必须保持环境清洁及干爽。要检查是何种皮肤问题，然后再进行对症用药。

3.心脏病

（1）症状　食欲不振、活动能力差及呼吸困难。

（2）处理　如果怀疑仓鼠患心脏病，应带其往动物医院做进一步检查。兽医可透过 X 光检查，得知是否有心室肥大等疾病。确实病情后，兽医会利用强心剂、利尿剂及血管扩张等方法为其治疗。

4.咬合不正

（1）症状　流口水、嘴巴无法完全闭合、食欲不振等。

（2）特征　由于仓鼠的牙齿会持续生长，主人需买一些较硬的食物给它们磨牙，否则，很容易出现咬合不正的情况。仓鼠大部分因经常咬笼子而导致牙齿变形或折断；除此以外，也有些仓鼠是与生俱来便拥有咬合不正的情况。

（3）处理　预防仓鼠出现咬合不正，应经常买一些较硬的食物或矿物石给它们磨牙。当发现仓鼠有咬合不正的情况，应找兽医为其将牙齿磨齐。

5.便秘

（1）症状　排便次数明显减少，甚至无便。

（2）特征　当饲养环境改变时，仓鼠可能会出现便秘的情况；另外，仓鼠也可能因被细菌、病毒或寄生虫感染，而导致便秘。

（3）处理　保持笼子清洁，喂饲新鲜及含较多纤维质的食物，给予足够的饮水。严重者需送动物医院治疗。

6. 感冒

(1)症状　耳朵下垂、精神不振、鼻子湿润、不愿活动。

(2)处理　为了预防仓鼠患上感冒，应该买一些含维生素C的食物给它喂食，同时做好相应的保暖措施。不要将鼠笼放在风较大的地方。仓鼠一旦患上感冒，绝不能拖延，应当尽早进行处理，如果问题不是很严重的话，可以自己试着用一些消炎药来处理。不过一定要控制好用量。

知识链接

1. http://www.ichong123.com/laoshu(爱宠网)。

2. http://www.chinacdc.cn/jkzt/crb/sy/(中国疾病预防控制中心)。

参考文献

[1] 王丽华. 宠物保健与美容技术. 北京:高等教育出版社,2009.
[2] 杨冬芸. 宠物饲养与美容保健技术. 成都:西南交通大学出版社,2013.
[3] 刘方玉,廖启顺. 宠物饲养技术. 北京:化学工业出版社,2015.
[4] 李文艺,陈琼. 宠物饲养与保健美容. 重庆:重庆大学出版社,2011.
[5] 伊芙·亚当森,桑迪·罗斯著. 宠物狗美容. 铁金涛,译. 北京:北京体育大学出版社,2007.
[6] 魏锁成. 犬病诊疗与护理. 北京:中国农业出版社,2012.
[7] 范泉水,邵丽华. 亲近狗狗 关爱自己. 北京:化学工业出版社,2007.
[8] 张冬波,黄文峰. 宠物传染病防治技术. 北京:中国农业大学出版社,2014.
[9] 田启会,王立斌. 犬猫疾病诊断与防治. 北京:中国农业大学出版社,2016.
[10] 高得仪. 宠物犬猫的保健. 北京:中国农业出版社,1999.
[11] 伊万期. 爱犬护理. 宫英瑞,等译. 青岛:青岛出版社,2007.
[12] 毕聪明,曹授俊. 宠物养护与美容. 北京:中国农业科学技术出版社,2008.
[13] 张江. 宠物护理与美容. 北京:中国农业出版社,2008.
[14] 张立波. 实用养犬大全. 2 版. 北京:中国农业出版社,2003.
[15] 李德远,王凤云,任佩佩. 宠物犬美容与调教. 北京:金盾出版社,2008.